工业企业典型事故案例分析

庞磊　栾婷婷　吕鹏飞　编著

化学工业出版社

·北京·

图书在版编目（CIP）数据

工业企业典型事故案例分析/庞磊，栾婷婷，吕鹏飞编著．
—北京：化学工业出版社，2019.10
ISBN 978-7-122-35064-0

Ⅰ.①工…　Ⅱ.①庞…②栾…③吕…　Ⅲ.①工业生产-
生产事故-事故分析　Ⅳ.①X928

中国版本图书馆 CIP 数据核字（2019）第 182028 号

责任编辑：徐雅妮　　　　　　　　　　文字编辑：孙凤英
责任校对：宋　玮　　　　　　　　　　装帧设计：王晓宇

出版发行：化学工业出版社（北京市东城区青年湖南街 13 号　邮政编码 100011）
印　　　刷：北京京华铭诚工贸有限公司
装　　　订：三河市振勇印装有限公司
710mm×1000mm　1/16　印张 10½　字数 201 千字
2020 年 1 月北京第 1 版第 1 次印刷

购书咨询：010-64518888　　　　　　　售后服务：010-64518899
网　　　址：http://www.cip.com.cn
凡购买本书，如有缺损质量问题，本社销售中心负责调换。

定　　价：69.00 元　　　　　　　　　　　　版权所有　违者必究

前言

　　"人命关天，发展决不能以牺牲人的生命为代价。这必须作为一条不可逾越的红线。"这是习近平总书记在 2013 年吉林宝源丰禽业"6·3"特别重大火灾事故发生后，就加强安全生产工作做出的重要批示。无数血淋淋的惨痛教训表明，安全红线就是生命线、高压线，是安全发展的前提、基础和保障。近年来，在党中央、国务院的高度重视和坚强领导下，经过各部门、各地区和各单位共同努力，全国安全生产继续保持了总体稳定、持续好转的发展态势。但是，仍须清醒认识到全国安全生产形势依然严峻，主要表现在各类事故总量依然较大，一些行业和领域重特大事故仍时有发生。安全生产的理论和实践证明，只有把安全生产的重点放在建立事故预防体系上，超前采取措施，才能有效防范和减少事故，最终实现安全生产。

　　从我国国家和地方安全生产监管职责分配的角度来看，工业企业（或工贸企业）通常以冶金、有色、建材、机械、轻工、纺织、烟草等行业为主。

　　本书对有限空间作业、机械伤害、火灾、粉尘爆炸、触电、灼烫、可燃气体爆炸、锅炉爆炸等我国工业企业典型事故案例进行了系统分析，对事故案例的分类既参照了 GB 6441—1986《企业职工伤亡事故分类》，又突出了工业企业常见事故类型和易发群死群伤事故类型。读者可从中了解事故预防控制技术措施、相关法律法规和有关技术规范要求，吸取事故经验教训。本书既可作为高等院校安全工程及相关专业本科教材，亦可作为工业企业、应急管理部门的参考资料。

　　全书共分十章，第一章、第五章由庞磊编写，第二章由庞磊和栾婷婷共同编写，第三章、第六章、第七章和第十章由栾婷婷编写，第四章、第八章和第九章由吕鹏飞编写；最后由庞磊统稿。在编写过程中，宋冰雪对本书的整体结构和内容进行了审阅，张家旭、张志文、王亚坤对部分内容进行了搜集整理，在此表示感谢。

　　由于编著者水平有限，书中难免有不妥之处，衷心希望读者提出宝贵意见，以便进一步修改完善。

编著者

2019 年 6 月

目录

第一章
绪论

第一节　基 础 知 识

一、事故的基本特征

1. 事故的因果性

事故的因果性是指一切事故的发生都有其原因，这些原因就是潜伏的危险有害因素。这些危险因素有来自人的不安全行为和管理缺陷，也有物和环境的不安全状态。这些危险因素在一定的时间和空间内相互作用就会导致系统的隐患、偏差、故障、失效，以致发生事故。

因果性说明事故的原因是多层次的，有的原因与事故有直接关系，有的原因与事故有间接联系，绝不是某一个原因就可能造成事故。因此在识别危险时应对所有的潜在因素（包括直接的、间接的和更深层次的因素）进行分析。只有充分认识了所有潜在因素的发展规律，分清主次对其加以控制和消除，才能有效地预防事故。

事故的因果性还表现在事故从其酝酿到发生、发展具有一个演化的过程。事故发生之前总会出现一些可以被人们认识的征兆，人们正是通过识别这些事故征兆来辨识事故的发展进程，进而控制事故，化险为夷。事故的征兆是事故爆发的量的积累，表现为系统的隐患、偏差、故障、失效等，这些量的积累是系统突发事故导致事故后果的原因。

认识事故发展过程的因果性既有利于预防事故，也有利于控制事故后果。

2. 事故的必然性与偶然性

事故的因果性决定了事故的必然性和偶然性。必然性就是客观事物的联系和发展中的不可避免、一定如此的趋向，产生于事物的内在根据、本质的原因。偶然性是事物发展过程中由于外在的、非本质的原因而产生的，它对事物的发展过程来说，可能出现也可能不出现，可能这样出现也可能那样出现。

纵观各类生产事故，分析事故发生的原因，都有它的偶然性，更有它的必然性。用概率事件分析，它是事物的必然性和偶然性的对立统一。事故的发生都是与该生产过程相关的各要素在一定条件下发生冲突的结果。冲突要素主要有人、物、作业环境、生产管理等，由于某要素或某几种要素存在不安全因素，在特殊条件的激发下发生冲突形成事故。

不安全因素是事故发生的必然性，特殊条件成为事故发生的偶然性。不安全因素具体表现为：人的因素，即作业人员违反安全操作规程；物的因素，即生产设备及其附属设施不符合规范要求；作业环境性因素，即工作的环境条件不符合规范要求；管理性因素，即管理行为和规章制度不符合规范要求。特殊条件即人的失误或自然条件的突然改变产生不安全因素形成对人身或作业现场构成危害的因素。只有必然才有偶然，没有必然偶然也就不存在。从本质上讲，伤亡事故属于在一定条件下可能发生也可能不发生的随机事件。就特定事故而言，其发生的时间、地点、状况均无法预测。事故是由于客观上存在不安全因素，随着时间的推移，出现某些意外情况而发生的，这些意外情况往往是难以预知的。

事故的偶然性还表现在事故是否产生后果（人员伤亡、物质损失、环境污染）以及后果的大小如何，都是难以预测的。反复发生的同类事故并不一定产生相同的后果。事故的偶然性决定了要完全杜绝事故发生是困难的，甚至是不可能的。

从偶然性中找出必然性，认识事故发生的规律性，变不安全条件为安全条件，把事故消除在萌芽状态之中。这就是防患于未然，预防为主的科学根据。

3. 事故的潜在性、再现性和复杂性

事故往往是突然发生的。然而导致事故发生的因素即"隐患和潜在危险"早就存在，只是未被发现或未受到重视而已。随着时间的推移，一旦条件成熟，就会显现而酿成事故，这就是事故的潜在性。

事故已经发生，就成为过去。时间一去不复返，完全相同的事故不会再次显现。然而没有真正地了解事故发生的原因，并采取有效措施去消除这些原因，就会再次出现类似的事故。应当致力于消除这种事故的再现性。

事故的发生取决于人、物和环境的关系，具有极大的复杂性。

4. 事故的规律性、预测性和可预防性

事故的必然性决定了事故是有规律可循的。根据对过去事故所积累的经验和知识，以及对事故规律的认识，并使用科学的方法和手段，可以对未来可能发生的事故进行预测并采取预防措施，避免伤亡事故的发生。

事故预测是在认识事故发生规律的基础上，充分了解、掌握各种可能导致事故发生的危险因素以及它们的因果关系，推断它们发展演变的状况和可能产生的后果。事故预测的目的在于识别和控制危险，预先采取对策，最大限度地减小事故发生的可能性。

预防事故的前提是探讨事故因果关系，消除导致事故发生的原因，不仅要消除物质方面、人的方面的原因，还特别要注意克服管理方面的缺陷，消除因管理不善而导致发生事故的各种原因。加强安全管理是实施可预防性原则的基础。

所以，人们可以根据过去事故所积累的经验和知识，以及对事故规律的认识，并使用科学的方法和手段，对未来可能发生的事故进行预测和预防。

二、事故类型

《企业职工伤亡事故分类》（GB 6441—1986）明确将事故划分为以下 20 类事故类别。

① 物体打击　落物、滚石、撞击、碎裂、崩块、砸伤，不包括爆炸引起的物体打击。

② 车辆伤害　包括挤、压、撞、颠覆等。

③ 机械伤害　包括铰、碾、割、戳。

④ 起重伤害　各种起重作业引起的伤害。

⑤ 触电　电流流过人体或人与带电体间发生放电引起的伤害，包括雷击。

⑥ 淹溺　各种作业中落水及非矿山透水引起的溺水伤害。

⑦ 灼烫　火焰烧伤、高温物体烫伤、化学物质灼伤、射线引起的皮肤损伤等，不包括电烧伤及火灾事故引起的烧伤。

⑧ 火灾　造成人员伤亡的企业火灾事故。

⑨ 高处坠落　包括由高处落地和由平地入地坑。

⑩ 坍塌　建筑物、构筑物、堆置物倒塌及土石塌方引起的事故，不适用于矿山冒顶、片帮及爆炸、爆破引起的坍塌事故。

⑪ 冒顶片帮　指矿山开采、掘进及其他坑道作业发生的顶板冒落、侧壁垮塌。

⑫ 透水　适用于矿山开采及其他坑道作业发生时因涌水造成的伤害。

⑬ 爆破　由爆破作业引起的，包括因爆破引起的中毒。

⑭ 火药爆炸　生产、运输和储藏过程中的意外爆炸。

⑮ 瓦斯爆炸　包括瓦斯、煤尘与空气混合形成的混合物的爆炸。

⑯ 锅炉爆炸　适用于工作压力在 0.07MPa 以上、以水为介质的蒸汽锅炉的爆炸。

⑰ 压力容器爆炸　包括物理爆炸和化学爆炸。

⑱ 其他爆炸　可燃性气体、蒸气、粉尘等与空气混合形成的爆炸性混合物的爆炸；炉膛、钢水包、亚麻粉尘的爆炸等。

⑲ 中毒和窒息　职业性毒物进入人体引起的急性中毒、缺氧窒息性伤害。

⑳ 其他　上述范围之外的伤害事故，如冻伤、扭伤、摔伤、野兽咬伤等。

工业企业通常包括冶金、有色、建材、机械、轻工、纺织、烟草等行业类型。根据企业的从业人员数量及营业收入额，可将其划分为大型、中型、小型和微型企业。

在充分借鉴 GB 6441—1986 事故类别的基础上，本书选取工业企业常见的有限空间作业、机械伤害、火灾、粉尘爆炸、触电、灼烫、可燃气体爆炸、锅炉爆炸及其他事故，结合具体案例分析常见工业企业事故的防范措施，每一种事故类型分析包含了基础知识、典型案例分析及事故启示录方面的内容。

第二节　事故法则及预防原则

一、事故法则

1. 事故的发展

如同一切事物一样，事故亦有其发生、发展以及消除的过程，因而是可以预防的。事故的发展可归纳为三个阶段：孕育阶段、生长阶段和损失阶段。

① 孕育阶段　是事故发生的最初阶段，此时事故处于无形阶段，人们可以感觉到它的存在，而不能指出它的具体形式。

② 生长阶段　是由于基础原因的存在，出现管理缺陷，不安全状态和不安全行为得以发生，构成生产中事故隐患的阶段。此时事故处于萌芽状态，人们可以具体指出它的存在。

③ 损失阶段　是生产中的危险因素被某些偶然事件触发而发生事故，造成人员伤亡和经济损失的阶段。

安全工作的目的是避免事故的发生而造成损失，因此，要将事故消灭在孕育阶段和生长阶段。为达到这一目的，首先就需要识别事故，即在事故的孕育阶段和生长阶段中明确识别事故的危险性，并对发生事故的后果进行分析和评估。

2. 事故法则

事故法则即事故的统计规律，又称 1 : 29 : 300 法则。即在每 330 次事故中，会造成重伤、死亡事故 1 次，轻伤、微伤事故 29 次，无伤事故 300 次。

该法则是美国安全工程师海因里希（H. W. Heinrich）统计分析了 55 万起事故后提出的，受到安全界的普遍承认。人们经常根据事故法则的比例关系绘制出三角形，即事故三角形，如图 1-1 所示。

事故法则告诉人们，要消除 1 次重伤死亡事故以及 29 次轻伤事故，必须首先消除 300 次无伤事故。也就是说，防止灾害的关键不在于防止伤害，而是要从

图 1-1 事故三角形

根本上防止事故。所以，安全工作必须从基础抓起，如果基础安全工作做得不好，小事故不断，就很难避免大事故的发生。

二、事故预防原则

事故有其固有规律，除了人类无法左右的自然因素造成的事故（如地震、山崩等）以外，在人类生产和生活中所发生的各种事故均可以预防。事故的预防工作应该从技术和组织管理两个方面考虑，应当遵循技术原则和组织管理原则。

1. 技术原则

在生产过程中，客观上存在的隐患是事故发生的前提。因此，要预防事故的发生，就需要针对危险隐患采取有效的技术措施进行治理。在采取有效技术措施进行治理的过程中，应当遵循以下基本原则。

① 消除潜在危险原则 即从本质上消除事故隐患。其基本作法是，以新的系统、新的技术和工艺代替旧的不安全的系统、技术和工艺，从根本上消除发生事故的可能性。例如用不可燃材料代替可燃材料，改进机器设备，消除人体操作对象和作业环境的危险因素，消除噪声和尘毒对工人的影响等，从而最大可能地保证生产过程的安全。

② 降低潜在危险严重度原则 即在无法彻底消除危险的情况下，最大限度地限制和减少危险程度。例如手电钻工具采用双层绝缘措施，利用变压器降低回路电压，在高压容器中安装安全阀等。

③ 闭锁原则 在系统中通过一些元器件的机器联锁或机电、电气互锁，作为保证安全的条件。例如煤矿上使用的瓦斯-电闭锁装置，当瓦斯浓度达到一定值时（一般是 $0.8\%\sim1.0\%$），系统自动切断电源；当瓦斯浓度降低到一定值时（一般是 $0.6\%\sim0.8\%$），系统转到允许送电的状态。其中断电是自动断电，而送电则是手工送电。

④ 能量屏蔽原则 在人、物与危险源之间设置屏障，防止意外能量作用到人体和物体上，以保证人和设备的安全。例如建筑高空作业的安全网、核反应堆的安全壳等都起到保护作用。

⑤ 距离保护原则 当危险和有害因素的伤害作用随着距离的增加而减弱时，应尽量使人与危害源距离远一些。例如化工厂建立在远离居民区、爆破时的危险距离控制等。

⑥ 个体保护原则 根据不同作业性质和条件，配备相应的保护用品及用具，以保护作业人员的安全与健康。例如安全带、护目镜、绝缘手套等。

⑦ 警告、禁止信息原则 用光、声、色等其他标志作为传递组织和技术信息的目标，以保证安全。例如警灯、警报器、安全标志、宣传画等。

此外，还有时间保护原则、薄弱环节原则、坚固性原则、代替作业人员原则等，可以根据需要，确定采取相关的预防事故的技术原则。

2. 组织管理原则

预防事故的发生不仅要遵循上述的技术原则，而且要在组织管理上采取相关的措施，这样才能最大限度地减少事故发生的可能性。

① 系统整体性原则 安全工作是一项系统性、整体性的工作，它涉及企业生产过程中的各个方面。安全工作的整体性体现在：有明确的工作目标，综合地考虑问题的原因，动态地认识安全状况；落实措施要有主次，有效地抓住各个环节，并且能够适应变化的要求。

② 计划性原则 安全工作要有计划和规划，近期的目标和长远的目标要协调进行。工作方案、人财物的使用要按照规划进行，并且有最终的评价，形成闭环的管理模式。

③ 效果性原则 安全工作的好坏，要通过最终成果的指标来衡量。但是，由于安全问题的特殊性，安全工作的成果既要考虑经济效益，又要考虑社会效益。正确认识和理解安全的效果性，是落实安全生产措施的重要前提。

④ 党政工团协调安全工作原则 党制定正确的安全生产方针和政策，教育干部和群众遵章守法，了解和解决工人的思想负担，把不安全行为变为安全行为。政府实行安全监察管理职责，不断改善劳动条件，提高企业生产的安全性。工会代表工人的利益，监督政府和企业把安全工作搞好。青年是劳动力中的有生力量，青年工人在生产中往往事故发生率高。因此，动员青年开展事故预防活动，是安全生产的重要保证。

⑤ 责任制原则 各级政府及相关的职能部门和企事业单位应当实行安全生产责任制，对违反劳动安全法规和不负责任的人员而造成的伤亡事故应当给予行政处罚，造成重大伤亡事故的应当根据刑法追究刑事责任。只有将安全责任落到实处，安全生产才能得以保证，安全管理才能有效。

综上所述，事故的预防要从技术、组织管理和教育等多方面采取措施，从总体上提高预防事故的能力，这样才能有效地控制事故，保证生产和生活的安全。

第三节 事故原因分析

一、事故原因分析基本步骤

在分析事故时，应从直接原因入手，逐步深入到间接原因，从而掌握事故的全部原因。再分清主次，进行责任分析。事故调查人员应注重导致事故发生的每一个事件，同样要注意各个事件在事故发生过程中的先后顺序。

在事故原因分析时通常要明确以下内容：

① 在事故发生之前存在什么样的不正常。

② 不正常的状态是在哪儿发生的。

③ 在什么时候首先注意到不正常的状态。

④ 不正常状态是如何发生的。

⑤ 事故为什么会发生。

⑥ 事件发生的可能顺序以及可能的原因（直接原因、间接原因）。

⑦ 分析可选择的事件发生顺序。

在进行事故调查原因分析时，通常按照以下步骤进行分析：

① 整理和阅读调查材料。

② 分析伤害方式。按以下几方面进行分析：受伤部位，受伤性质，起因物，致害物，伤害方式，不安全状态，不安全行为。

③ 确定事故的直接原因。

④ 确定事故的间接原因。

二、事故直接原因分析

属于下列情况者为直接原因：

① 机械、物质或环境的不安全状态；

② 人的不安全行为。

两者在国标《企业职工伤亡事故分类》（GB 6441—86）中有规定，具体如下。

1. 机械、物质或环境的不安全状态

（1）防护、保险、信号等装置缺乏或有缺陷

① 无防护　包括：无防护罩；无安全保险装置；无报警装置；无安全标志；无护栏或护栏损坏；（电气）未接地；绝缘不良；局部通风机无消声系统、噪声大；危房内作业；未安装防止"跑车"的挡车器或挡车栏；其他。

② 防护不当　包括：防护罩未在适当位置；防护装置调整不当；坑道掘进、

隧道开凿支撑不当；防爆装置不当；采伐、集材作业安全距离不够；放炮作业隐蔽所有缺陷；电气装置带电部分裸露；其他。

（2）设备、设施、工具、附件有缺陷

① 设计不当，结构不合安全要求　包括：通道门遮挡视线；制动装置有缺欠；安全间距不够；拦车网有缺欠；工件有锋利毛刺、毛边；设施上有锋利倒棱；其他。

② 强度不够　包括：机械强度不够；绝缘强度不够；起吊重物的绳索不合安全要求；其他。

③ 设备在非正常状态下运行　包括：设备带"病"运转；超负荷运转；其他。

④ 维修、调整不良　包括：设备失修；地面不平；保养不当、设备失灵；其他。

（3）个人防护用品用具——防护服、手套、护目镜及面罩、呼吸器官护具、听力护具、安全带、安全帽、安全鞋等缺少或有缺陷

① 无个人防护用品、用具。

② 所用的防护用品、用具不符合安全要求。

（4）生产（施工）场地环境不良

① 照明光线不良。包括：照度不足；作业场地烟雾尘弥漫，视物不清；光线过强。

② 通风不良。包括：无通风；通风系统效率低；风流短路；停电停风时爆破作业；瓦斯排放未达到安全浓度爆破作业；瓦斯超限；其他。

③ 作业场所狭窄。

④ 作业场地杂乱。包括：工具、制品、材料堆放不安全；采伐时，未开"安全道"；迎门树、坐殿树、搭挂树未作处理；其他。

⑤ 交通线路的配置不安全。

⑥ 操作工序设计或配置不安全。

⑦ 地面滑。包括：地面有油或其他液体；冰雪覆盖；地面有其他易滑物。

⑧ 储存方法不安全。

⑨ 环境温度、湿度不当。

2. 人的不安全行为

（1）操作错误，忽视安全，忽视警告

① 未经许可开动、关停、移动机器。

② 开动、关停机器时未给信号。

③ 开关未锁紧，造成意外转动、通电或泄漏等。

④ 忘记关闭设备。

⑤ 忽视警告标志、警告信号。

⑥ 操作错误（指按钮、阀门、扳手、把柄等的操作）。

⑦ 奔跑作业。

⑧ 供料或送料速度过快。

⑨ 机械超速运转。

⑩ 违章驾驶机动车。

⑪ 酒后作业。

⑫ 客货混载。

⑬ 冲压机作业时，手伸进冲压模。

⑭ 工件紧固不牢。

⑮ 用压缩空气吹铁屑。

⑯ 其他。

（2）造成安全装置失效

① 拆除了安全装置。

② 安全装置堵塞，失掉了作用。

③ 调整的错误造成安全装置失效。

④ 其他。

（3）使用不安全设备

① 临时使用不牢固的设施。

② 使用无安全装置的设备。

③ 其他。

（4）手代替工具操作

① 用手代替手动工具。

② 用手清除切屑。

③ 不用夹具固定，用手拿工件进行机加工。

（5）物体（指成品、半成品、材料、工具、切屑和生产用品等）存放不当

（6）冒险进入危险场所

① 冒险进入涵洞。

② 接近漏料处（无安全设施）。

③ 采伐、集材、运材、装车时，未离危险区。

④ 未经安全监察人员允许进入油罐或井中。

⑤ 未"敲帮问顶"便开始作业。

⑥ 未及时瞭望。

⑦ 调车场超速上下车。

⑧ 易燃易爆场所明火。

⑨ 私自搭乘矿车。

⑩ 在绞车道行走。

（7）攀、坐不安全位置（如平台护栏、汽车挡板、吊车吊钩）

（8）在起吊物下作业、停留

（9）机器运转时进行加油、修理、检查、调整、焊接、清扫等工作

（10）有分散注意力行为

（11）在必须使用个人防护用品用具的作业或场合中，忽视其使用

① 未戴护目镜或面罩。

② 未戴防护手套。

③ 未穿安全鞋。

④ 未戴安全帽。

⑤ 未佩戴呼吸护具。

⑥ 未佩戴安全带。

⑦ 未戴工作帽。

⑧ 其他。

（12）不安全装束

① 在有旋转零部件的设备旁作业穿过肥大服装。

② 操纵带有旋转零部件的设备时戴手套。

③ 其他。

（13）对易燃、易爆等危险物品处理错误

三、事故间接原因分析

属于下列情况者为间接原因：

① 技术和设计上有缺陷：工业构件、建筑物、机械设备、仪器仪表、工艺过程、操作方法、维修检验等的设计，施工和材料使用存在问题。

② 教育培训不够，未经培训，缺乏或不懂安全操作技术知识。

③ 劳动组织不合理。

④ 对现场工作缺乏检查或指导错误。

⑤ 没有安全操作规程或不健全。

⑥ 没有或不认真实施事故防范措施，对事故隐患整改不力。

⑦ 其他。

第二章

有限空间作业事故典型案例分析

第一节 基 础 知 识

一、有限空间作业及其特点

1. 有限空间及有限空间作业

根据《工贸企业有限空间作业安全管理与监督暂行规定》（国家安全监管总局令第59号），有限空间是指封闭或者部分封闭，与外界相对隔离，出入口较为狭窄，作业人员不能长时间在内工作，自然通风不良，易造成有毒有害、易燃易爆物质积聚或者氧含量不足的空间。有限空间作业是指作业人员进入有限空间实施的作业活动。

国家安监主管部门给出的工贸企业有限空间参考目录如表2-1所示。

表2-1 工贸企业有限空间参考目录

序号	行业	涉及的有限空间
一	冶金	①工艺炉窑：均热炉、热风炉、高炉、转炉、电炉、精炼炉、加热炉、退火炉、常化炉、罩式炉、沸腾炉、干燥机、回转窑等 ②槽罐：燃料罐、氮气球罐、重油罐、汽油罐、碱水罐、鱼雷罐、铁水罐、钢水罐、中间罐、渣罐等 ③煤气相关设备设施：发生炉、管道、煤气柜、排水器房、风机房、煤气排送机间、阀门室等 ④地坑：精炼炉地坑、铸造坑、泵坑等 ⑤公辅设备设施：锅炉、锅炉过热器；空分塔、水冷塔；使用六氟化硫的高压电控室；电缆坑（井）、地下液压室、地下油库、焦炉地下室；污水处理池（井）、密闭循环水池、地下排污隧道；给排水等管道；磨机、一二次混合机、环冷风箱；脱硫塔、脱硫浆液箱、脱硫流化底仓、料仓、料斗、除尘器、烟道等

续表

序号	行业	涉及的有限空间
二	有色	①工艺炉窑：铸造炉、保持炉、煅烧炉、铝台包、回转窑、石灰炉、熔盐炉、余热锅炉等 ②槽罐：压缩空气储罐、真空罐、酸碱罐、分解罐、沉降罐、母液罐、稀释罐、精制液体罐、煤气站电捕集罐、车载储槽、电解槽等；原燃料储罐、原料仓 ③公辅设备设施：锅炉、除尘器、烟道；蒸汽缓冲器、压煮器、蒸发器、淋洗塔、沉灰室等；生产铝粉、锌粉雾化室等；污水处理池（井）、地下排污隧道等；煤气、给排水等管道；冷却机、磨机、脱硅机等
三	建材	①工艺设备：预热器、分解炉、蒸压釜、箅式冷却机、回转窑、增湿塔、冷却机、烘干机、热风炉、立式磨、球磨机、选粉机、分离器 ②煤气相关设备设施：电捕集罐、煤气发生炉及上部密闭空间、排水器室、煤气排送机间、净化设备等 ③储库：储罐（仓）、料仓、煤粉库（地坑、仓）、筒形储存库等 ④公辅设备设施：锅炉、管道、收粉器、喷雾干燥塔等；除尘器、烟道等；电缆沟、电梯井道等；地坑、水塔（水箱）、蓄水池、窨井、下水道、污水处理池（井）
四	机械	①工艺设备：电炉、冲天炉、工频炉、精炼炉、退火炉、加热炉、燃气（电）干燥炉、保护气氛热处理炉等 ②槽罐：电镀（氧化）槽、酸碱槽、油槽、电泳槽、浸漆槽，储料仓、储罐、油罐、液氨罐等 ③公辅设备设施：塔（釜）、锅炉、压力容器、管道、烟道、地下室、地下仓库、地坑、地下润滑油室、电缆沟、电缆井等；喷漆室、探伤室、铸造坑、除尘器室等煤气（天然气）转供设备、煤气发生炉等；污水池（井）、下水道、窨井、地下蓄水池等
五	轻工	①工艺设备：玻璃窑炉、隧道窑、马蹄炉、退火炉、煤气发生炉、碱回收炉、烤炉、烘缸、汽提塔、脱硫塔、干燥塔、蒸煮塔、氧漂塔、漂白塔、卸料塔、喷放仓、料仓、预蒸仓、反应仓、腌制池等；高压均质机、麻石除尘器、干燥机、水力碎浆机、转鼓、蒸球、喷放仓、预浸器、分离器、流浆箱、黑液槽、汽鼓、汽包、澄清器、消化器、粉碎回收容器等 ②槽罐：原材料罐、储糖罐、浸出罐、分离罐、浓缩罐、维持罐、糖化罐、层流罐、调浆罐、发酵罐（池）、种子罐、流加糖罐、维持罐、消泡沫剂罐、结晶罐、奶罐、储油罐、浸出罐、蒸发罐、浓缩罐、分离罐、厌氧罐、饱和罐、酒母罐、储酒罐、酸碱罐、过滤罐、搅拌混合罐、脱色桶等，冷水储槽等 ③公辅设备设施：污水池（沟、槽）、盐液池、水处理池、沼气池（罐）、中和池（桶）、浆池等，原材料仓、恒温库、速冻库（箱）、冷库、蒸发脱水干燥房、地下泵房等，除尘器（沉降室、布袋除尘器等）、烟道等

续表

序号	行业	涉及的有限空间
六	纺织	①纺纱工序：清棉设备、清梳联合机设备的混棉箱体 ②织造工序：浆纱机、浆染联合机的烘箱部分 ③染整工序：退煮漂联合机、烧毛机、轧染联合机、热熔染色联合机、碱减量机、液流染色机、气流染色机、经轴染色机、筒子纱染色机、绞纱喷射染色机、绞纱箱式染色机、筒子纱射频烘干机、绞纱烘干机、成衣染色机、散毛染色机、散毛烘干机、罐蒸机等设备的封闭、半封闭烘燥箱、房部位 ④公辅设备设施：锅炉、纺织空调系统的送回风道、除尘室、滤尘室以及消防水箱（池）、除尘地沟（道）、化粪池、蓄水池、窨井、电缆沟、电梯井道等
七	烟草	①工艺设备：烘丝筒、润叶（梗）筒、加香（料）筒、滚筒干燥机、浸渍器、流化床、真空回潮机、烟丝膨胀焚烧炉、箱式储丝（叶、梗）柜 ②公辅设备设施：香精香料配制罐、二氧化碳储罐、空压分气缸、真空罐、蒸汽分汽缸、储油罐等；消防水塔（水箱）、锅炉、省煤器锅炉排烟管道、软水箱、除氧水箱、热力除氧器钠离子交换塔、中央空调风柜（风管）除尘器；地下电缆沟、地下室、管道阀门井；烟道、冷库、电梯井道；下水管道、地下水池、污水处理水池等
八	商贸	窨井、下水管道、管道阀门井、电梯井道、储罐、锅炉、污水井、化粪池、粮库（仓）、冷库等
九	通用	各类井（电缆井、污水井、窨井等）、池（污水池、化粪池、沼气池、蓄水池、腌渍池等）、地沟、暗沟、坑道、下水道、地窖、地下室等

注：本参考目录未能涵盖的，但经企业辨识、认定为有限空间的，可参照《工贸企业有限空间作业安全管理与监督暂行规定》进行管理。

2. 有限空间作业特点

（1）有限空间作业主要危害

① 中毒危害 有限空间内容易积聚高浓度的有毒有害物质。有毒有害物质可能是原来就存在于有限空间内，也可能是在作业过程中逐渐积聚的。这些有毒有害物质比较常见的有：硫化氢，如进行清理、疏通下水道、化粪池、污水池、地窖等作业时容易产生硫化氢气体；一氧化碳，如在市政建设、道路施工时，不慎损坏煤气管道，煤气渗漏到有限空间内或附近民居内，会造成一氧化碳积聚；苯、甲苯、二甲苯，如在有限空间内进行防腐涂层作业时，涂料中含有的苯、甲苯、二甲苯等有机溶剂挥发，会造成有限空间中有毒气体浓度增加。

② 缺氧危害 空气中氧浓度过低会引起缺氧。以下两种情形可能导致这种状况出现：二氧化碳比重比空气大，在长期通风不良的各种矿井、地窖、船舱、冷库等场所内部，二氧化碳易挤占空间，造成这些空间内的氧气浓度过低；惰性气体，如氩气、氮气等。工业上常用惰性气体对反应釜、储罐、钢瓶等容器进行

冲洗，如容器内残留的惰性气体过多，就容易引起单纯性缺氧或窒息。此外，甲烷、丙烷浓度过高也可能引起缺氧。

③ 燃爆危害　危害空气中易燃易爆物质浓度过高遇火会引起爆炸或燃烧。

（2）有限空间作业主要危害的特点

① 可导致死亡，属高风险作业；

② 有限空间包含的种类比较多，如船舱、储罐、管道、地下室、地窖、污水池（井）、沼气池、化粪池、下水道、发酵池等均属于有限空间；

③ 有限空间作业的一些危害难以探测；

④ 可能有多种危害共同存在，如有限空间作业除了存在硫化氢危害外，还存在缺氧危害；

⑤ 在某些条件下危害的出现具有突发性，如检测时没有危害，但是在作业过程中可能突然涌出大量有毒气体。

（3）有限空间作业属于高风险作业的原因

① 作业环境情况复杂，多种有害因素并存　作业场所可能存在硫化氢、一氧化碳等有毒有害气体及氮气、甲烷等导致缺氧的化学物质，在某些有限空间作业场所还存在可燃性气体、可燃性粉尘等多种危害因素。

② 有限空间狭小，通风不畅，不利于气体扩散　作业场所产生的有毒有害气体，容易积聚，一段时间后会形成较高浓度的有毒有害气体，有些有毒有害气体是无味的，易使作业人员放松警惕，引发中毒、窒息事故。

③ 危险性大，一旦发生事故往往造成严重后果　作业人员中毒、窒息发生在瞬间，有的有毒气体只需数分钟甚至数秒钟就会致人死亡。例如：硫化氢达到极高浓度时，几分钟甚至瞬间即可致人死亡。

二、有限空间作业事故类型

1. 有限空间作业危险有害因素

典型有限空间作业可能存在的危险有害因素如表 2-2 所示。

有限空间作业的危险有害因素主要表现为以下四个方面：

① 有限空间内含有的有害物质的浓度超过立即威胁生命或健康的浓度。有限空间由于通风不良、空气成分复杂，故与一般工作场所相比，存在更多的危险有害因素，作业环境的危害程度更高。在许多情况下，有限空间内含有的有害物质的浓度超过了立即威胁生命或健康的浓度。当这些物质达到该浓度时，若作业人员未佩戴呼吸防护用品或呼吸防护用品因故障等原因失效，短暂接触高浓度的有害物即会对大脑、心脏或肺部造成终身伤害，对作业人员构成生命威胁。如有机物（生活垃圾、动植物等）的分解能够产生二氧化碳、硫化氢及甲烷，如果作业人员吸入过量有害气体，将中毒或窒息。

表 2-2　有限空间作业可能存在的危险有害因素

种类	有限空间名称	主要危险有害因素
密闭设备	船舱、储罐、车载槽罐、反应塔(釜)、压力容器、煤气管道及设备	缺氧,CO 中毒,挥发性有机溶剂中毒,爆炸
	冷藏箱、管道	缺氧
	烟道、锅炉	缺氧,CO 中毒
地上有限空间	储藏室、温室、冷库	缺氧
	酒糟池、发酵池	缺氧,H_2S 中毒,可燃性气体爆炸
	垃圾站	缺氧,H_2S 中毒,可燃性气体爆炸
	粮仓	缺氧,PH_3 中毒,粉尘爆炸
	料仓	缺氧,粉尘爆炸
	坑、池、仓	缺氧,中毒
地下有限空间	地下室、地下仓库、隧道、地窖	缺氧
	地下工程、地下管道、暗沟、涵洞、地坑、废井、污水池(井)、沼气池、化粪池、下水道	缺氧,H_2S 中毒,可燃性气体爆炸

② 有限空间内的氧气被消耗或被挤出导致氧含量过低引起缺氧,如动植物呼吸、电焊大量消耗氧气等情况。正常空气的成分包括 78% 的氮气、21% 的氧气和少量惰性气体。在有限空间内,如作业场所空气中氧含量低于 19.5% 时有限空间形成缺氧状态,极易导致缺氧窒息事故的发生。

③ 有限空间内积聚了易燃易爆气体,浓度达到爆炸极限遇火源会引起燃烧爆炸。

④ 其他任何威胁生命和健康的情况。有限空间作业受环境条件的影响,还存在以下危险有害因素:淹溺、坍塌掩埋、触电、机械伤害、噪声、坠落、滑倒、绊倒及跌倒、坠物伤害、低能见度等。此外,还包括:灼伤与腐蚀,高温作业引起中暑;有的作业如电、气焊作业还会产生有毒有害气体,造成伤害;尖锐锋利物体引起的物理伤害和其他机械伤害等。有限空间作业应当严格遵守"先通风,再检测,后作业"的原则。检测指标包括氧浓度、易燃易爆物质(可燃性气体、爆炸性粉尘)浓度、有毒有害气体浓度。检测应当符合相关国家标准或者行业标准的规定。

2. 有限空间作业常见事故类型

有限空间作业常见的事故包括:缺氧窒息;中毒;燃爆;其他危害,如淹溺、触电、高处坠落事故，灼伤与腐蚀，高温作业引起中暑，尖锐锋利物体引起的物理伤害和其他机械伤害等。其中，中毒窒息事故是有限空间危险作业的常发事故之一，由于空间受到限制和约束，有毒有害气体散不出去，新鲜空气补充不进来，如果贸然进入有限空间，容易引发此类事故。

（1）硫化氢中毒事故

硫化氢（H_2S）是无色气体，有特殊的臭味（臭鸡蛋味），易溶于水；密度比空气大，易积聚在通风不良的城市污水管道、窨井、化粪池、污水池等地。国家标准中规定其最高允许浓度为 $10mg/m^3$。

硫化氢是剧毒物。硫化氢浓度在 $0.4mg/m^3$ 时，人能明显嗅到硫化氢的臭味；在 $70\sim150mg/m^3$ 时，吸入数分钟即发生嗅觉疲劳而闻不到臭味，浓度越高嗅觉疲劳越快，越容易使人丧失警惕；超过 $760mg/m^3$ 时，短时间内即可发生肺水肿、支气管炎、肺炎，可能造成生命危险；超过 $1000mg/m^3$，可致人发生电击样死亡。

（2）缺氧窒息事故

有限空间内长期通风不良，密度较空气大的二氧化碳易在有限空间底部积聚，挤占氧气空间。

天然气密度比空气小，一般情况天然气可迅速扩散，但是大量天然气瞬间泄漏时，会占据井内空间，将空气挤出，造成缺氧。氧含量在 19.5％～23.5％ 时处于正常水平，低于 19.5％ 时就可能发生窒息。氧含量在 15％～19.5％ 时，工作能力降低、感到费力；氧含量降到 8％～10％ 时，神智不清、昏厥、面色土灰、恶心和呕吐；氧含量在 4％～6％ 时，40s 后昏迷、抽搐、呼吸停止，死亡。

在常温、常压下，氮气是一种无色、无味、无嗅的气体，密度比空气小；氮气的化学性质不活泼，呈惰性。氮气空分生产主要是在低温状态下因氧气和氮气沸点的不同而通过精馏的方法将空气分离出纯氧和纯氮，供其他生产、非生产过程使用，如煤气生产过程中氧化剂，医用、工业用氧的来源，仪表氮气的使用等。在空气分离过程中，因生产装置、工艺管道的泄漏、安全装置失灵，或检修过程中因未佩戴安全防护用具或因防护不当等，都可能发生氮气窒息事故。通常情况下氮气对人体无毒害作用。但由于不遵守操作规程，使氮气泄漏，某些工作空间中氮气浓度增高，氧浓度降低，容易使人窒息昏迷。窒息的危害性是不能仅凭感官判断相对封闭空间中氮气是否超标的。当空气中氧浓度降低时，窒息性事故的发生往往没有明显的预兆。据资料记载，氮气窒息事故发生时，受害者只要在相对浓度较高的氮气空间中停留 2min 就很难有逃出或自救能力。窒息事故在钢铁企业发生非常普遍，危害较大。

（3）一氧化碳中毒事故

一氧化碳在血液中易与血红蛋白结合（相对于氧气）而造成组织缺氧。轻度中毒者出现头痛、头晕、耳鸣、心悸、恶心、呕吐、无力。中度中毒者除上述症状外，还有皮肤黏膜呈樱红色、脉快、烦躁、步态不稳。重度中毒者出现深度昏迷、瞳孔缩小、肌张力增强、频繁抽搐、大小便失禁、休克、肺水肿、严重心肌损害等。

汽油泵、柴油泵及其他含碳物质发生不完全燃烧时，会产生大量一氧化碳。污物在发生化学反应时也会产生一氧化碳。

第二节　典型案例分析

[案例一]　某化纤企业污水池中毒事故

1. 事故概况

2015 年 2 月 13 日 18 时 40 分左右，位于某市某镇的某化纤有限公司在组织外雇人员清理厂区内污水池时发生一起 2 死 1 伤中毒事故。

该有限公司注册资本 2088 万元，位于某市某镇某村（工业园区），经营范围为：化学纤维、棉纱、针织品、服装、化工原料、塑料原料、金属材料批发、零售；床上用针织制成品、鞋、帽、涤纶短纤维制造、加工；废塑料回收；纺织品、针织品及原料批发。从 2006 年起，该公司污水池清理业务都由王某承接。2015 年 2 月上旬，该公司法定代表人张某与王某口头约定，由王某负责把该公司内部污水池清理干净，价格为每车污水 2300 元，双方未明确安全管理责任等义务和权利。

2015 年 2 月 12 日，王某把设备拉到该公司做了污水清理准备工作。第二天早上 7 时左右，即 13 日事发当天，王某叫了陈某一起来到该公司开始清理污水池。污水池清理过程中，该公司委派公司污水池管理工徐某负责现场监管。中午 12 时左右，王某和陈某两人在清理完厂区南面 1 个敞开式污水池后，开始把设备转移到事发池清理该池污水（事发池为厂区北部地下污水池，池体约为 8m×4m×3.3m，池中有一堵墙将污水池分隔成两个小池，墙上距池底约 1m 处有一个直径约 20cm 的孔，连通两个小池）。16 时左右，污水抽完后，王某一人爬至池底，准备用高压水枪冲洗污水池，没过一会儿，王某就失去了知觉。在污水池上面看管抽水泵等设备的陈某立即爬下去施救，不久也昏倒在池底下。徐某见状后，立即向张某作了汇报，并随即也爬到池下施救。张某接报后，立即拨打了 110、120 和 119，同时，打电话给公司员工赵某和励某等叫人一起去事故现场。赵某等人赶到现场后，徐某自己从池底爬了出来，而王某和陈某两人被随后赶到的消防人员先后救出。三人被紧急送医院抢救，陈某和徐某经抢救无效分别于当日和 2 月 26 日死亡。

2. 事故原因

（1）直接原因

① 王某在不具备有限空间作业条件和没有采取有效安全防护措施情况下，

盲目进入污水池内作业，导致中毒。

② 陈某救人心切，施救不当，也被污水池内的有毒气体熏倒而中毒，导致事故扩大。

③ 徐某虽经安全教育培训，但在作业过程中，未能正确使用安全知识；事发时，救人心切，施救不当，也被污水池内的有毒气体熏倒而中毒，导致事故扩大。

（2）间接原因

① 该公司未配备有限空间作业安全防护装备，对作业人员教育培训不到位。

② 该公司法定代表人张某未有效督促检查本单位的安全生产工作，未及时消除生产安全事故隐患。

3. 整改措施

① 该公司要严格按照《安全生产法》等法律法规规定，配备有限空间作业安全防护装备，加强对各类员工的安全生产教育培训工作，提高全体从业人员的安全意识、安全操作技能和自我保护能力。

② 该公司要积极开展安全生产隐患排查治理工作，有效督促检查本单位的安全生产工作，及时消除生产安全事故隐患，落实各项事故防范措施，严格按照相关规定实施污水池清理，防止类似事故再次发生。

［案例二］　某水泥厂一氧化碳中毒事故

1. 事故概况

2013 年 2 月 27 日 18 时 40 分，某市某水泥有限公司原料磨粗磨仓内发生一起一氧化碳中毒事故，造成 4 人死亡，3 人受伤，直接经济损失 341.03 万元。

该水泥有限公司系某水泥集团股份有限公司控股子公司，成立于 2003 年 9 月 18 日，现有职工 318 人，管理人员 69 人，公司领导 3 人，法定代表人为闫某，公司设有各类科室 11 个。公司主要经营水泥及水泥制品的生产、销售，并从事相关技术的研制、开发、应用和技术咨询服务等。

2013 年 2 月 27 日早上 6 时 30 分，该水泥有限公司窑头点火烘窑，熟料部安排从早上 8 时 30 分开始，由班长柳某、副班长黄某带领雪某、龙某、陈某等人将钢球装入粗磨仓内，计划第二天中午 12 时开磨。当天下午 6 时 10 分左右工作人员加完钢球，6 时 20 分副班长黄某让下午上班的巡检工潘某一起关闭磨门，6 时 30 分潘某和龙某先后进入粗磨仓，在关闭磨门时，龙某中毒倒地，潘某从磨内爬出呼救，听到呼救后，班长柳某、副班长黄某、雪某、陈某、林某 5 人先后进入磨内救人，导致 7 人全部中毒。6 时 46 分该水泥公司调度室接到报告，立即拨打 120 急救电话，7 时 40 分左右伤者全部救出并送往该市第一人民医院进行抢救，经急救，柳某、黄某、龙某、陈某 4 人因有害气体中毒已无生命体征，医院宣布 4 人为院前死亡，潘某、林某转入心血管科治疗。

2. 事故原因

（1）直接原因

副班长黄某未严格按照《高危作业审批制度》办理危险作业许可手续，也没有按照作业操作规程联系中控操作员开启窑尾排风机，违章指挥作业人员进入原料磨粗磨仓内作业，是造成事故的直接原因。

（2）间接原因

该水泥有限公司虽然制定了《安全操作规程》《熟料部原料磨岗位安全生产检查流程》和《高危作业审批制度》等规章制度，建立了安全管理组织机构，但公司对制度执行不严，安全生产教育培训不到位，应急救援中存在盲目施救问题，缺乏中毒方面的应急救援知识及演练，公司对内部的安全生产工作的监管还不到位。

3. 整改措施

① 该水泥集团股份有限公司要重点针对该事故暴露出的公司各级管理层存在安全认识、安全管理制度、安全监管及安全责任落实不到位的问题，在全集团分层级、有重点地认真开展一次安全大反思与隐患排查治理工作。要站在安全生产关系到员工生命，关系到企业效益的高度，深刻吸取事故教训，统一思想，提高认识，强化安全生产监管措施，切实落实安全责任，减少和杜绝各类安全事故的发生。

② 该事故暴露了该水泥公司安全生产基础工作薄弱，有关制度及安全操作规程落实不到位，安全管理不细不严，现场安全监管严重缺失的问题。通过吸取事故教训，公司一要切实履行安全生产主体责任，严格执行安全生产法律法规及安全技术标准，完善企业内部安全管理制度；二要落实安全防护措施，科学编制施工组织方案，严格操作规程，认真履行高危作业审批制度，严禁违章作业现象再次发生；三要认真组织开展安全生产大检查，强化安全检查力度，扎实排查事故隐患，确保安全工作落实到岗到人；四要加强安全教育培训，提高作业人员自身安全防范意识、安全操作能力和应急技能；五要继续完善企业安全生产事故的应急救援预案，经常性开展各类事故科学演练施救活动，提高应急救援和处置能力。

③ 该市工业园区安全生产和环境保护局，要加强辖区内各级安全管理人员的安全意识和法律法规的普及工作，加大安全监察人员和企业主要负责人及安全管理人员的业务培训力度，切实提高对安全生产重要性的认识，增强履职能力。要进一步加强辖区内生产经营单位的安全监管工作，深刻吸取该事故教训，认真开展安全生产大检查，深入排查企业安全隐患，按照"全覆盖、零容

忍、严执法、重实效"的要求，做到安全防范措施到位，不留任何盲区或死角。

④ 该市工业园区管委会要深刻吸取事故教训，认真研究解决园区建设中的安全监管问题，针对此次事故中暴露出的突出问题，要按照安全生产"属地管理"原则，认真落实安全监管责任，结合当前正在开展的安全生产大检查、打非治违和隐患排查专项整治活动，认真履行隐患整改督办监管职责，切实加大安全隐患排查和执法力度，严厉打击各类安全生产违法行为。对检查中排查出的隐患要做到措施、责任、资金、时限和预案"五到位"，将事故隐患及时予以整改直至消除。

⑤ 该市各级安全监管部门，要进一步加强对安全生产法律法规的学习，严格落实安全生产"一岗双责"制度，按照"管行业必须管安全、谁主管谁负责、谁审批谁负责"的原则，认真履行部门行业安全监管责任，将行业内各类生产经营单位全部纳入监管范围，积极开展安全隐患排查治理，督促企业落实安全主体责任，切实做到防患于未然。

▶ [案例三]　某电池企业硫化氢中毒事故

1. 事故概况

2016 年 4 月 16 日 11 时 10 分许，位于某市某开发区某工业园的某电池有限公司二期工业园污水处理站水解酸化池发生一起硫化氢中毒事故，造成 3 人死亡、1 人受伤，直接经济损失 301.5 万元。

某环保科技有限公司，法定代表人为何某，注册资本 1000 万元，成立于 2008 年 8 月 8 日，经营范围为环境保护方面的"三废"治理工程的设计、施工及运营，环保仪器及设备配置，水处理工程，在线蚀刻回收设备及技术，环保技术咨询及服务，销售环境污染防治设备、仪器仪表。

该电池有限公司成立于 2007 年 6 月 12 日，法定代表人为王某，注册资金 1 亿 5000 万美元，公司占地 77.6 万平方米，现有员工 10549 人，2015 年以来主要生产锂电池材料（隔膜纸）4800 万平方米/年，发动机 20 万套/年。根据《国家安全监管总局办公厅关于印发冶金有色建材机械轻工纺织烟草商贸行业安全监管分类标准（试行）的通知》（安监总厅管四〔2014〕29 号）的规定，该企业属工贸企业。事故污水站从 2009 年 11 月开始建设，2011 年 3 月完工，占地约 6500m^2。2013 年 12 月 16 日，该电池公司（以下简称甲方，系事故污水站运营项目发包方）与某市环境保护技术设备公司某分公司（以下简称乙方，系事故污水站运营项目原承包方；该公司实际系某环保公司前身，具备相关资质，原法定代表人何某，因某市环境保护技术设备公司改制不再设立该分公司）签订了《工业废水、生活污水处理站运营合同》，将该公司二期工业园污水处理站运营承包给乙方，运营期五年（2013年12月17日至2018年12月16日），并签订了《外服务单位驻某厂区安全与环境保护协议》，明确了在此过程中双方应履行的安全环保管理责任。因乙方总公司改制，甲方、乙方与某环保公司（以下简称丙方，系事故污水站运营项目现承包方）于2015年5月1日签订了《合同主体变更协议书》，明确将甲、乙双方约定项目的职责、权限及义务全部转移至丙方；2015年6月1日，甲方、丙方签订了《某工业园废水处理站运营安全生产及消防管理责任书》，明确甲、丙双方安全生产及消防安全责任。

（1）事发前抽淤作业情况

2016年4月10日，某环保公司总工程师潘某在事故污水站巡查时发现其水解酸化池工作异常，为保证排污出水达标，决定进行抽淤作业（抽取池底的污泥，清理支架上的杂物；抽淤过程中污水处理设施无须停止运作，不影响出水达标，按规定不需要报告环保部门；抽淤作业前未通知该电池公司）。4月11日，潘某组织事故污水站站长陈某，副站长蒲某，维修班何某、曾某、杨某等人召开现场会议，制定了检修方案，明确了检、维修作业规则和检、维修实施细则，当日，作业人员对水解酸化池进行抽水并转储到备用池；4月12日，作业人员到水解酸化池内清理杂物（作业前按规定开具了有限空间作业许可证，并在作业前对池内进行通风、检测，作业时穿戴了劳动防护用品）；4月13日至15日，因下雨，暂停了事故污水站的抽淤作业，作业人员到该电池公司三期工业园工业和生活污水处理站处理其他事务。

（2）事故经过

4月16日上午8时许，该环保公司工程技术部维修班何某（班长）、曾某、杨某三人到事故污水站后发现潘某未到现场，何某便电话请示潘某，因潘某有事无法前来，何某向潘某建议由自己组织继续进行抽淤作业，潘某电话里同意何某意见，但明确要求何某等人不得进入水解酸化池内作业。抽淤作业持续到11时10分许，因水解酸化池的气动隔膜泵被堵塞，何某要求杨某到池内维修清理，杨某起初并不同意，理由是潘某明确要求不得进入池内作业，但经何某强烈要求，杨某在未按规定对池内进行通风和气体检测、未采取任何劳动防护措施的情况下进入池内作业，结果到池内不久就晕倒在泥水中，何某见状，立刻进入池内施救，不久也晕倒在泥水中，曾某在池上看见后当即大声呼救，事故污水站员工张某听到呼救后，立刻进入池内救人，也晕倒在泥水中。曾某在呼救的同时跑到加药间把沈某、汪某叫来救人，并告知该电池公司员工马上报警。沈某、汪某进入池内救人时，汪某因在池内弯腰拉人也晕倒在泥水中，此时沈某站在池内底层横梁上，发现汪某晕倒后先用木棍将其身体翻转使其面部朝上，随后把汪某拉到横梁上，此时该电池公司和事故污水站员工已陆续赶到现场，将汪某救起并进行抢救。

相关人员在池内施救过程中，均未按规定采取任何劳动防护措施。

2. 事故原因

（1）直接原因

该环保公司工程技术部维修班班长何某，在未按规定采取通风措施和对池内空气进行检测的情况下，违章指挥未穿戴劳动保护用品的杨某进入有限空间作业；杨某未按规定穿戴劳动保护用品进入有限空间作业；事故发生时，何某、张某盲目施救。以上是导致事故发生和伤亡扩大的直接原因。

（2）间接原因

① 该环保公司安全生产主体责任不落实，安全生产管理不到位。一是安全生产教育培训不到位，从业人员安全防范意识淡薄；二是落实有限空间作业规章制度不到位，从业人员进行有限空间作业未按规定进行通风、检测，未采取任何劳动防护措施；三是未按规定进行有限空间作业应急演练，从业人员应急处置能力差，对事故救援处置不当。

② 该市安全监管局某开发区分局作为工贸企业有限空间作业安全的管理与监督部门，一是未认真履行法定职责（国家安全监管总局令第59号《工贸企业有限空间作业安全管理与监督暂行规定》中第四条第二款：县级以上地方各级安全生产监督管理部门按照属地监管、分级负责的原则，对本行政区域内工贸企业有限空间作业安全实施监督管理），对法律法规和上级有关文件精神学习不全面、理解不透彻，直接监管责任落实不到位；二是对辖区工贸企业有限空间作业场所排查不到位，未对街道办事处统计情况进行核实，致使该电池公司的有限空间作业未被纳入年度执法工作计划，监督检查不到位；三是开展工贸企业有限空间作业安全专项治理不深入、不彻底，未按要求对该电池公司的有限空间作业安全开展专项治理。

③ 该开发区西区街道办事处贯彻落实上级开展工贸企业有限空间作业场所排查治理的有关文件精神不到位，未按要求及时进行排查、统计上报及建立工贸企业有限空间作业监管台账，对该电池公司的日常检查流于形式，未及时发现该公司存在有限空间作业场所。

④ 该开发区环保局对该电池公司加快推进竣工环境保护验收工作督促不力。

3. 整改措施

（1）进一步提高安全生产责任意识

全市各级、各有关部门要深刻汲取该市硫化氢中毒事故教训，举一反三，进一步落实安全监管责任；要深入贯彻落实习近平总书记关于安全生产的重要论述和批示指示精神，坚守安全生产红线意识和底线思维，按照"党政同责、一岗双责、失职追责"的要求，增强做好安全生产工作的责任感和紧迫感，把"生命至上、安全第一"的理念贯穿到生产管理经营和各项社会活动的全过程，从根本上提高科学发展、安全发展水平，切实维护人民群众生产生命财产安全。

（2）狠抓企业安全生产主体责任落实

该环保公司要深刻汲取事故教训，切实加强安全生产工作，要进一步完善有限空间安全生产制度和规程，严格执行有限空间作业审批制度等有限空间作业操作规程，加强对有限空间作业场所危险性的辨识和对员工的安全教育培训，确保作业人员熟练掌握作业风险和岗位操作技能，配备齐全个人防中毒窒息等防护装备，强化应急救援演练，严禁盲目施救。该电池公司要认真履行对外发包的工程项目安全生产监管职责，加强对承包、承租单位的日常检查和安全培训教育等统一协调、管理工作；认真排查企业内部有限空间作业场所，完善监管台账。全市存在有限空间作业场所的工贸企业要深刻汲取事故教训，举一反三，严格按照《工贸企业有限空间作业安全管理与监督暂行规定》（国家安全监管总局令第 59号）其他法律法规的要求，严格落实安全生产主体责任。

（3）严格行业主管部门直接监管责任落实

该市安全监管局某开发区分局要严格按照《工贸企业有限空间作业安全管理与监督暂行规定》（国家安全监管总局令第 59 号）和有限空间有关规定的要求，加强对工贸企业有限空间作业安全的监督管理；准确掌握辖区工贸企业有限空间作业场所的底数和情况，建立完善监管台账；强化安全培训和宣传教育，提高企业和作业人员防范有限空间作业中毒事故的安全意识和应急处置能力；认真开展专项治理，严格执法，督促企业及时消除事故隐患，确保生产安全。此开发区环保局要严格按照相关要求，督促指导辖区建设单位加快推进竣工环境保护验收工作。

（4）强化政府属地监管责任落实

该开发区西区街道办事处要不断健全和完善基层安全监管体制，进一步强化培训教育，提高基层安全监管人员的业务素质，提高履职能力；各县（区）要按照市政府办公室《关于建立健全乡镇（街道）园区专职安全生产监督检查员队伍实施方案》的通知要求，充实和加强基层执法力量；研究探索政府购买服务的方式，指导企业加强安全管理，加强对企业关键部位、危险作业场所的监督检查，督促企业采取有效措施，消除事故隐患，确保生产安全。

［案例四］　某铸造企业氮气窒息事故

1. 事故概况

2016 年 7 月 9 日 17 时 30 分左右，某县某环保设备有限公司在承建该市某铸业有限公司 600t 混铁炉除尘器升级改造项目过程中，发生一起氮气窒息事故，造成 5 人死亡，直接经济损失约 500 万元。

该铸业有限公司（发包单位）位于某市某镇某村东，法定代表人为史某，注册资本 1.1 亿元，经营范围：生铁冶炼、铸造；矿粉烧结；铁精粉洗选；球团、白灰、水渣销售；线材、钢坯生产销售；货物进出口贸易；制氧生产；高强度低松弛预应力钢绞线、高强度低松弛预应力钢丝生产销售；高延性冷轧带肋钢筋生产销售；冷拔钢丝生产销售。

某环保设备有限公司（承包单位）位于某县某乡某村，法定代表人为王某，注册资本 1300 万元，经营范围：环保设备制造、销售；钢结构安装。

2016 年 3 月 13 日，该环保设备有限公司通过议标形式，获得该铸业有限公司 600t 混铁炉除尘器项目建设资格，双方签订了产品买卖合同，合同总金额 85 万元，工程周期 70 天。签订合同后，该环保设备有限公司经理宋某将项目现场施工转包给昆某、米某施工队（转包费包括人工费、辅料费总计 25 万元，作业人员 10 名），该施工队无工商营业执照和资质。4 月 1 日，昆某、米某带领施工队开始施工，6 月初因施工进度缓慢，宋某介绍由周某带领的另一个施工队伍给昆某、米某，让周某队伍承揽除尘器管道制作并安装施工。6 月 25 日前后，除尘器平台制作完成，随后该铸业有限公司项目负责人李某通知炼钢厂主管设备厂长许某安排人员将缓冲罐前氮气管线接通，并将氮气送到缓冲罐，作为除尘器脉冲阀的气源，为该项目交工前的设备调试做准备。

2016 年 7 月 9 日，工程施工进入收尾阶段，施工现场分两组分别进行安装和调试作业。一组由周某带领（薛某、霍某、李某、许某）从除尘风机人孔进入，通过除尘器箱体到除尘器管道内部，从事管道焊接作业。周某队伍中的韩某、张某、王某、董某和冯某等 5 名人员在除尘器箱体外进行辅助作业；另一组由昆某带领米某、松某、平某等 3 名人员，在除尘器箱体外从事除尘器卸料电机、输送电机、物料输送方向、反吹系统严密性及除尘器反吹脉冲阀门等设备调试。

14 时 30 分左右，昆某进入除尘器箱体内通知正在作业的人员，告知他们下午要试车、灰斗里不能下人、不能往灰斗丢东西。15 时左右，昆某从除尘器管道出来后，对除尘器外部现场施工人员进行相同内容的告知；16 时 30 分左右，王昆到除尘器顶部调试脉冲阀；17 时左右，昆某安排米某打开缓冲罐阀门送气，开始调试。在调试脉冲反吹系统时，发现多个脉冲阀门漏气，由于维修漏气脉冲阀时间较长，造成大量氮气进入除尘器箱体内部并积聚，导致正在除尘器箱体入口管道内进行焊接作业的周某及本队其他人员共 5 人窒息。

17 时 25 分左右，因安装风机出口管道要使用导链，周某施工队人员韩某通过除尘风机人孔进入除尘器内取导链。其进入除尘器箱体后，感觉头晕，随后晕倒在卸料灰斗内，缓醒过来后，赶紧打电话向吊车司机张某进行求救，随后发现周某和薛某也倒在除尘器箱体底板上。

在除尘器箱体外作业的吊车司机张某得知情况后，急忙到除尘风机出口管道施工处，喊人救援，并告知正在现场的该环保设备有限公司经理宋某：除尘器里边出事了！此时，在地面进行作业的周某队伍中的王某、董某、冯某三人听到求援声后，一起进入除尘器管道内部施救。进入管道后，董某感觉头晕，三人立即返回，并继续呼救。在此过程中韩某自己从除尘风机人孔爬出管道，经过短暂休息后也参加了事故救援；宋某得知情况后，急忙打电话给米某说出事了，让其关闭缓冲罐阀门，停止供气，组织救援，并拨打了120急救电话；该铸业有限公司炼钢厂厂长史某得知情况后，立即带有关人员携带空气呼吸器赶到现场，昆某、米某与该铸业有限公司人员配戴空气呼吸器进入除尘器箱体内，展开救援，先后救出周某等5人，并进行现场急救。约10min后，救护车赶到现场，将5人分别送往该市某医院、该安市某人民医院、该市某中医院。20时左右，经抢救无效，5人先后死亡。

2. 事故原因

（1）直接原因

在进行除尘器脉冲阀调试作业中，多个脉冲阀泄漏，大量氮气进入除尘箱体内（有限空间），导致正在进行除尘箱体与进气管道焊接的5名人员作业窒息死亡。

（2）间接原因

① 该环保设备有限公司使用伪造的"环保产品销售许可证""安全生产许可证"等证件承包工程，违法将工程转包，未建立安全生产三项制度，主要负责人未取得安全生产管理人员培训合格证书，未对有限空间作业相关人员进行专项安全培训，现场未设置专（兼）职安全生产管理人员。

② 昆某、米某带领的施工队违法承包工程，未按有限空间作业制定调试方案和办理相关票证，未分析此次有限空间作业存在的危险有害因素，未提出消除和控制危害的措施，未充分将存在的危险有害因素和防控措施告知现场作业人员。在进行除尘器脉冲阀调试作业时未确认气体介质种类，未组织箱体内人员撤离，未严格落实特种作业人员持证上岗制度。

③ 周某带领的施工队在进行管道焊接作业前，未办理有限空间作业票；设备调试期间，未带领管道内作业人员撤离；未按规定对本队伍施工人员进行安全培训，未严格落实特种作业人员持证上岗制度。

④ 该铸业有限公司对建设项目及外包单位安全生产统一协调、管理不到位。资质审查不严，安全培训教育不全面，现场安全监管缺失。未在氮气缓冲罐区域设置安全警示标识，对氮气的安全使用疏于管理。未及时发现和制止施工队伍违章指挥、违章作业等问题。

⑤ 该市某镇党委、政府未全面履行属地监管职责，对建设项目及外委施工疏于监管，未发现和消除该项目建设中的安全隐患和问题。

⑥ 该市工信局（现改为工业促进局）未全面履行行业安全监管职责，未发现和消除该项目建设中的安全隐患和问题。

⑦ 该市安监局未认真贯彻落实该市人民政府《印发〈关于进一步加强对发包承包施工单位安全生产监督管理的规定〉的通知》，未发现和消除该项目建设中的安全隐患和问题。

3. 整改措施

① 切实加强有限空间作业安全管理。各相关企业必须建立健全有限空间作业制度和操作规程；严格执行有限空间作业票制度，认真分析有限空间作业危险有害因素、控制措施并告知现场作业人员；强化有限空间作业专项安全培训，作业前要开展专项应急演练。

② 进一步加强外委施工队伍管理。各级要认真贯彻落实该市人民政府《印发〈关于进一步加强对发包承包施工单位安全生产监督管理的规定〉的通知》要求，发包单位要建立外委施工项目安全生产责任制度，明确有关人员的管理职责，严格审查和落实外委施工单位资质、安全生产三项制度、人员培训、施工方案等，有效制止违法转包承包行为。

③ 加强对施工现场安全监管。项目负责人要履行统一协调指挥职责，施工现场必须设置专职安全生产管理人员，严禁建设项目安全监管一包了之、以包代管。对项目建设过程中涉及的危险区域（危险设备、危险介质等）必须设置安全警示标识，组织相关人员认真辨识存在的危险因素，制定相应的安全防范措施及应急处置方案，加强日常安全检查和管理，及时发现和消除事故隐患。

④ 该市某镇政府及各安全生产监管部门要进一步强化安全生产责任意识，认真落实属地管理责任、部门监管责任，认真查找监管盲区和死角，高度重视建设项目和外委施工安全生产工作，有针对性地加强监督检查，及时化解安全风险，切实消除安全隐患。

⑤ 该市市委、市政府要进一步强化红线意识，针对事故暴露出的突出问题，认真吸取事故教训，以防范遏制生产安全事故为重点，加强监管、管控风险、堵塞漏洞，不断加强和改进安全生产工作，确保安全生产形势稳定。

第三节　有限空间作业事故启示录

1. 事故教训

中毒窒息事故通常分为中毒事故和窒息事故两种情况。中毒事故是指操作人员在有毒气体浓度较高的作业场所内操作，不断吸入有毒气体而发生的事故。窒息事故是指操作人员在空气中含氧的浓度较低的作业场所内操作，由于氧气不足而发生的事故。

有限空间作业频发的中毒窒息惨剧一而再、再而三地发生，教训极其深刻。根据以往事故案例分析，应认真分析和总结教训，防止发生类似事故。有限空间作业需注意以下两点：

（1）员工必须按照规章作业

中毒窒息事故的发生，均是由于操作人员在进入受限空间作业前，未按有关安全操作规程"先检测，后作业"的原则，在事先未测定氧气、有害气体、可燃气体浓度的情况下，就贸然进入，以致发生中毒窒息事故。

由于事故具有随机性和偶发性的特点，并不是每一次违规操作都会导致事故发生，一个工人在发生事故前可能已违规操作了多次，均无大碍，多次的"幸运"助长了其胆大妄为的行为（或者说形成了习惯）。根据美国安全专家海因里希的 1∶29∶300 的事故原理，即每一次事故之前，已发生了 29 次未遂事故，300 次违规操作，每一起中毒窒息事故发生前，绝大多数工人已如此违规操作了不少次，甚至形成了习惯，只不过这次就不再"幸运"了。

由此得出的教训是：无论什么时候，必须按照规章作业。作业前一定要充分辨识危险有害因素，采取可靠的防护措施（包括按规定先探测作业场所气体状况），在确保安全的情况下方可进行作业，切忌贸然作业，如果忽视一些措施的细节，将引发致命的遗憾。

（2）施救必须保证自身安全

不少中毒窒息事故刚开始时，受害者只有一人。然而，由于救人者缺乏必要的安全常识，事故单位又缺乏应急预案，在没有采取必要的防护措施的情况下，仅凭一股勇气就贸然进入危险场所抢救，其结果是导致更多人中毒窒息，酿成重大事故。

在生产过程中，由于情况是在不断地变化中，各种情况均可能发生。为此，对企业存在各类危害、危险因素的场所（单位），必须具备下述条件：

① 必须根据本单位的实际和作业场所存在危害因素的特点，配备相应的应急救援设施，如防毒面具、供氧呼吸器、安全救护绳、通风设备等。

② 平时要对操作人员和有关安全管理人员进行必要的安全知识培训。一旦发生中毒窒息等事故，由懂得救护常识的人员及时组织抢救，就可能有效避免发生中毒窒息死亡事故，尤其是有效地避免发生重特大中毒窒息事故。

生命及鲜血的教训告诫我们：一旦发生有限空间作业中毒窒息事故，千万不能盲目施救，必须在确保自身安全的前提下组织抢救。

2. 对策建议

工贸企业有限空间的安全管理和检查重点：

（1）建立、落实相关制度

依据《工贸企业有限空间作业安全管理与监督暂行规定》，建立和落实相应规章制度，包括：

① 有限空间作业安全责任制度。

② 有限空间作业审批制度。

③ 有限空间作业现场安全管理制度。

④ 有限空间作业现场责任人、监护人员、作业人员、应急救援人员安全培训教育制度。

⑤ 有限空间作业应急管理制度。

⑥ 有限空间作业安全操作规程。

（2）作业许可证审批

① 凡进入有限空间进行施工、检修、清理作业的，生产经营单位应实施作业审批。未经作业负责人审批，任何人不得进入有限空间作业。

② 有限空间作业必须按照规范要求办理有限空间作业票，并指定专人对作业过程进行监护；监护人不得离开现场，不得做监护无关的事。

③ 有限空间许可证应悬挂或张贴在作业现场，许可证内容填写齐全、完整。

④ 作业人员应了解作业内容和要求，熟悉所从事作业的危害因素和相应的安全措施、应急预案等，掌握报警及联络方式。

⑤ 监护人应熟悉作业区域的环境、工艺情况，有判断和处理异常情况的能力，懂急救知识。

（3）安全设备设施

① 从事有限空间生产经营单位应配备气体检测设备。

② 通风换气设备，大功率强制通风设备等。

③ 应急救援设备配备，全面罩正压式空气呼吸器或长管面具等隔离式呼吸保护器具，现场快速检测设备，应急照明设备。

④ 照明设备，严禁使用明火照明和非防爆设备。额定电压不应超过12V。

⑤ 通信设备，应急通信报警器材。

（4）安全警示标志

① 坑、井、洼、沟或人孔、通道出入门应设置防护栏、盖和警告标志，夜间应设警示红灯。

② 为防止无关人员进入有限空间作业场所，在有限空间醒目处，设置警戒区、警戒线、警戒标志。

③ 作业人员进入与输送管理连接的封闭、半封闭设备（如油罐、反应塔、储罐、锅炉等）内部时，应关闭阀门，装好盲板，设置"禁止启动"警告信息。

④ 有限空间作业现场应设置警示标识，提醒有危险须经授权才能进入。

⑤ 进入带有转动部件的有限空间，电源线路与开关之间有明显的断开点并设警示牌，同时在开关上挂"有人检修、禁止合闸"，并设专人监护。

（5）劳动防护用品配备

① 从事有限空间作业，应配备空气呼吸器或软管面具等隔离式呼吸器具。

② 防护装备以及应急救援设备，如安全带（绳）、救生索、安全梯等，应定

期进行检验、维护。

（6）教育培训

① 有限空间教育培训记录。

② 应对从事有限空间作业的人员进行培训，内容包括：

- 作业方案、作业内容；
- 紧急情况个人避险常识；
- 有限空间存在的危险特性和安全作业的要求；
- 进入有限空间的程序；
- 检测仪器、个人防护用品等设备的正确使用；
- 事故应急救援措施与应急救援预案等；
- 按要求进行技术业务理论考核和实际操作技能考核。

（7）有限空间台账

依据《工贸企业有限空间作业安全管理与监督暂行规定》，工贸企业应当对本企业的有限空间进行辨识，确定有限空间的数量、位置以及危险有害因素等基本情况，建立有限空间管理台账，并及时更新。

（8）有限空间作业流程

① 通风 作业前，应采取充分的通风换气措施。

② 检测 按照"先检测，后作业"的原则，测定氧含量和有害气体的含量，并根据测定结果采取相应的措施。在作业环境条件可能发生变化时，应对作业场所中的危害因素进行持续或定时检测。实施检测时，检测人员应处于安全环境，检测时要做好检测记录，包括检测时间、地点、气体种类和检测浓度等。

③ 危害评估 实施有限空间作业前，生产经营单位应根据检测结果对作业环境危害状况进行评估，制定消除、控制危险的措施，确保整个作业期间处于安全受控状态。

④ 防护 作业人员应佩戴安全绳或安全带，以及呼吸器或软管面具等隔离式呼吸保护器具。

⑤ 监护 安全监护人员应密切监视作业状况，不得离岗。发现异常情况，应及时采取有效的措施现场安全管理，确保操作规程的遵守和安全措施的落实。安全监护人员必须经过培训，并获得相应的证件。

⑥ 警示 有限空间作业现场应设置安全警示标志，内容包括提醒有危险存在和须经授权才能进入的词语。

⑦ 工具 可燃气体的有限空间内严禁使用明火照明和非防爆设备。

⑧ 隔断 有效切断（或使用盲板）与有限空间相连的可燃、有毒有害介质（含氮气）系统，并挂牌标识，出入口畅通无障碍物；与有限空间相关的机械上和电气上应隔离并挂警示牌。

⑨ 电阻 作业前应对有限空间内或其周围的设备接地，并进行接地电阻检

测，确保阻值小于 4Ω。

⑩ 安全电压　防爆场所照明符合防爆要求。有限空间照明应用不大于 24V 的安全行灯，在金属设备内和特别潮湿场所，其安全灯电压应为 12V。

⑪ 防静电　当作业环境原来盛装爆炸性液体、气体等介质的，则应使用防爆电筒或电压不大于 12V 的防爆安全行灯，行灯变压器不应放在容器内或容器上；作业人员应穿戴防静电服装，使用防爆工具。

（9）应急救援

① 建立应急救援机制，设立或委托救援机构制定有限空间应急救援预案。

② 救援人员应经过专业培训。

③ 救援人员应具有在规定时间内在有限空间危害已被识别的情况下对受害者实施救援的能力。

④ 配备必要的救援设备和物资。如空气呼吸器、消防器材、急救药品和清水等相应的应急用品。

⑤ 通过应急演练，定期评审与更新应急预案。

第三章
机械伤害事故典型案例分析

第一节 基础知识

一、机械伤害相关概念

1. 机械

机械是由若干相互联系的零部件按一定规律装配组合而成，其中至少有一个部分对其他组成部分有相对运动。机械可以利用、转换和传递机械能，具有致动结构、控制和动力系统，并为一定的应用目的服务。

机械除了泛指一般机器产品以外，还包括为了统一应用目的而将若干台机器组合在一起，使它们像一台完整机器那样发挥其功能的机组或大型成套设备。

2. 机械伤害

机械伤害主要指机械设备运动（静止）部件、工具、加工件直接与人体接触引起的夹击、碰撞、剪切、卷入、绞、碾、割、刺等形式的伤害。各类转动机械的外露传动部分（如齿轮、轴、履带等）和往复运动部分都有可能对人体造成机械伤害。

简单来说，机械伤害是指机械做出强大的功能作用于人体的伤害。

3. 机械伤害形式

① 机械转动部分造成的绞、碾和拖带等伤害。
② 机械工作部分造成的砸、轧、撞、挤等伤害。
③ 机械部件飞出，机械失稳、倾覆等情况造成的伤害。
④ 违章操作、误操作造成的伤害等。

二、机械设备存在的危险

1. 静止的危险

设备处于静止状态时存在的危险即当人接触或与静止设备做相对运动时可引

起的危险。包括：

① 切削刀具有刀刃。

② 机械设备突出的较长的部分，如设备表面上的螺栓、吊钩、手柄等。

③ 毛坯、工具、设备边缘锋利和粗糙表面，如未打磨的毛刺、锐角、翘起的铭牌等。

④ 引起滑跌的工作平台，尤其是平台有水或油时更为危险。

2. 直线运动的危险

指做直线运动的机械所引起的危险，又可分接近式的危险和经过式的危险。

（1）接近式的危险

接近式的危险指机械进行往复的直线运动，当人处在机械直线运动的正前方而未及时躲让时将受到运动机械的撞击或挤压。

① 纵向运动的构件，如龙门刨床的工作台、牛头刨床的滑枕、磨床的往复工作台等。

② 横向运动的构件，如升降式铣床的工作台。

（2）经过式的危险

经过式的危险指人体经过运动的部件引起的危险。包括：

① 单纯做直线运动的部位，如运转中的带键、冲模。

② 做直线运动的凸起部分，如运动时的金属接头。

③ 运动部位和静止部位的组合，如工作台与底座组合、压力机的滑块与模具。

④ 做直线运动的刃物，如牛头刨床的刨刀、带锯床的带锯。

3. 机械旋转运动的危险

指人体或衣服被卷进旋转机械部位引起的危险。

① 卷进单独旋转运动机械部件中的危险，如主轴、卡盘、进给丝杠等单独旋转的机械部件，以及磨削砂轮、各种切削刀具，如铣刀、锯片等加工刃具。

② 卷进旋转运动中两个机械部件间的危险，如朝相反方向旋转的两个轧辊之间，相互啮合的齿轮之间。

③ 卷进旋转机械部件与固定构件间的危险，如砂轮与砂轮支架之间，有辐条的手轮与机身之间。

④ 卷进旋转机械部件与直线运动部件间的危险，如皮带与皮带轮、链条与链轮、齿条与齿轮、滑轮与绳索、卷扬机绞筒与绞盘等。

⑤ 旋转运动加工件打击或绞轧的危险，如伸出机床的细长加工件。

⑥ 旋转运动件上凸出物的打击，如皮带上的金属皮带扣、转轴上的键、定位螺钉、联轴器螺钉等。

⑦ 孔洞部分有些旋转零部件，由于有孔洞部分而具有更大的危险性。如风扇、叶片，带辐条的滑轮、齿轮和飞轮等。

⑧ 旋转运动和直线运动引起的复合运动，如凸轮传动机构、连杆和曲轴。

4. 机械飞出物击伤的危险

① 飞出的刀具或机械部件，如未夹紧的刀片、紧固不牢的接头、破碎的砂轮片等。

② 飞出的切屑或工件，如连续排出或破碎而飞散的切屑、锻造加工中飞出的工件。

三、机械设备造成的伤害种类

机械事故造成的伤害包括以下几种：

① 机械设备的零、部件做直线运动时造成的伤害。例如锻锤、冲床、切钣、施压部件、牛头刨床的床头、龙门刨床的床面及桥式吊车大、小车和升降机构等，都是做直线运动的。做直线运动的零、部件造成的伤害事故主要有压伤、砸伤、挤伤。

② 机械设备零、部件做旋转运动时造成的伤害。例如机械、设备中的齿轮、支带轮、滑轮、卡盘、轴、光杠、丝杠、供轴节等零、部件都是做旋转运动的。旋转运动造成人员伤害的主要形式是绞绕和物体打击伤。

③ 刀具造成的伤害。例如车床上的车刀、铣床上的铣刀、钻床上的钻头、磨床上的磨轮、锯床上的锯条等都是加工零件用的刀具。刀具在加工零件时造成的伤害主要有烫伤、刺伤、割伤。

④ 被加工的零件造成的伤害。机械设备在对零件进行加工的过程中，有可能对人身造成伤害。这类伤害事故主要有：

a. 被加工零件固定不牢被甩出打伤人，例如车床卡盘未夹牢，在旋转时就会将工件甩出伤人。

b. 被加工的零件在吊运和装卸过程中，可能造成砸伤。

⑤ 手用工具造成的伤害。

⑥ 电气系统造成的伤害。工厂里使用的机械设备，其动力绝大多数是电能，因此每台机械设备都有自己的电气系统。主要包括电动机、配电箱、开关、按钮、局部照明灯以及接零（地）和馈电导线等。电气系统对人的伤害主要是电击。

⑦ 其他的伤害。机械设备除去能造成上述各种伤害外，还可能造成其他一些伤害。例如有的机械设备在使用时伴随着产生强光、高温，还有的放出化学能、辐射能，以及尘毒危害物质等，这些对人体都可能造成伤害。

四、机械事故常见原因分析

机械事故发生的常见原因：人的不安全行为，物的不安全状态。

1. 人的不安全行为

（1）操作失误的主要原因

① 机械产生的噪声使操作者的知觉和听觉麻痹，导致不易判断或判断错误；

② 依据错误或不完整的信息操纵或控制机械造成失误；

③ 机械的显示器、指示信号等显示失误使操作者误操作；

④ 控制与操纵系统的识别性、标准化不良而使操作者产生操作失误；

⑤ 时间紧迫致使没有充分考虑而处理问题；

⑥ 缺乏对动机械危险性的认识而产生操作失误；

⑦ 技术不熟练，操作方法不当；

⑧ 准备不充分，安排不周密，因仓促而导致操作失误；

⑨ 作业程序不当，监督检查不够，违章作业；

⑩ 人为地使机器处于不安全状态，如取下安全罩、切除联锁装置等。走捷径、图方便，忽略安全程序。如不盘车、不置换分析等。

（2）误入危区的主要原因

① 操作机器的变化，如改变操作条件或改进安全装置时；

② 图省事、走捷径的心理，对熟悉的机器，会有意省掉某些程序而误入危区；

③ 条件反射下忘记危区；

④ 单调的操作使操作者疲劳而误入危区；

⑤ 由于身体或环境影响造成视觉或听觉失误而误入危区；

⑥ 错误的思维和记忆，尤其是对机器及操作不熟悉的新工人容易误入危区；

⑦ 指挥者错误指挥，操作者未能抵制而误入危区；

⑧ 信息沟通不良而误入危区；

⑨ 异常状态及其他条件下的失误。

2. 物的不安全状态

机械的不安全状态，如机器的安全防护设施不完善，通风、防毒、防尘、照明、防震、防噪声以及气象条件等安全卫生设施缺乏等均能诱发事故。动机械所造成的伤害事故的危险源常常存在于下列部位：

① 旋转的机件具有将人体或物体从外部卷入的危险。比如：机床的卡盘、钻头、铣刀等传动部件和旋转轴的突出部分有钩挂衣袖、裤腿、长发等而将人卷入的危险；风翅、叶轮有绞碾的危险；相对接触而旋转的滚筒有使人被卷入的危险。

② 做直线往复运动的部位存在着撞伤和挤伤的危险。比如冲压、剪切、锻压等机械的模具、锤头、刀口等部位存在着撞压、剪切的危险。

③ 机械的摇摆部位又存在着撞击的危险。

④ 机械的控制点、操纵点、检查点、取样点、送料过程等也都存在着不同的潜在危险因素。

第二节 典型案例分析

[案例一] 某橡胶制品企业机械伤害事故

1. 事故概况

2013 年 10 月 2 日 9 时，某实业有限公司成型车间发生一起机械伤害事故，造成 1 人重伤，伤者经抢救无效死亡。该公司成立于 2006 年 4 月 17 日，位于某工业园，公司类型为有限责任公司，注册资本 4000 万美元，经营范围为：生产经营合成橡胶（丁基橡胶、异戊橡胶），乘用子午线轮胎、载用子午线轮胎、工程轮胎、翻新子午线轮胎，炭黑及橡胶制品（国家限制类除外），汽车零配件。10 月 2 日 8 时 30 分，该公司成型工段 D7 成型机二段操作工胡某告诉一段操作工梁某生产的轮胎有质量问题。8 时 55 分，梁某向工艺检查员林某反映轮胎胎侧起泡。9 时，林某去调整成型机电脑上后压辊的径向和轴向距离参数。调整完参数后，梁某和林某离开正常生产工作位置（安全垫），踏上传递环导轨观察后压辊的工作情况。突然，梁某的工作服被卷入正在转动的成型鼓（成型鼓为逆时针旋转，转速约为 200～300r/min），致使梁某随成型鼓一起旋转数圈后，头部向下撞击传递环导轨受伤。正在附近工作的胡某见状立即启动急停开关，成型鼓随即停止转动，梁某跌落在安全垫上，其全身衣物缠绕在成型鼓与尾座间的气管弯头处，头部出血。林某立即拨打"120"急救电话，胡某则电话报告公司管理层。接到电话报告的当班调度员赵某立即携带急救药品、棉纱等赶赴事故现场，对伤者进行止血包扎。9 时 15 分，救护车到达现场，随车医护人员对伤者进行初步救治后，将伤者运往区人民医院。因伤势较重，9 时 50 分，梁某被转往某区人民医院继续抢救。因伤势过重，梁某于 10 月 5 日经抢救无效死亡。

2. 事故原因

（1）直接原因

梁某安全意识淡薄，违反安全操作规程，在成型鼓正常运转时，擅自离开安全位置，踏上传递环导轨观察机器，因工作服未紧束被铰入高速旋转的成型机成型鼓，并被摔出撞击导轨及地面，受重伤经抢救无效死亡。

（2）间接原因

该公司未切实履行企业安全生产主体责任，是造成该事故发生的间接原因，表现在：

① 公司生产现场安全设施不完善　事故发生时，由于传递环导轨处未设置

紧急停车联锁装置，当操作人员踏上导轨时，成型鼓无法紧急停车，进而造成伤亡事故。事故发生后，该公司立即组织工程人员对事故相似机器的导轨部分增设红外线感应联锁停车设备，也证明了成型机安全设施不完善的情况存在。

② 公司现场安全管理不到位，隐患排查治理不到位　公司未按照相关安全生产法律法规要求，建立健全事故隐患排查治理和建档监控等制度，未逐级落实从主要负责人到班组长的督促、检查、整改安全隐患的机制。

③ 公司安全教育培训不到位　经调查询问和查阅相关资料，该公司新进员工三级安全教育培训不到位，基层员工安全意识和安全技能欠缺。

3. 整改措施

该事故的发生，暴露出相关生产经营单位存在安全设施不完善、作业现场安全管理不到位、隐患排查治理不到位、安全生产教育培训不到位等安全隐患。有关单位要深刻吸取事故教训，举一反三，采取有效措施，切实改进安全生产工作。

① 该公司要痛定思痛，提高认识，切实履行安全生产主体责任。

一是要开展全厂安全生产大检查，着力完善安全设施，提高本质安全水平，必须了解、掌握设备安全技术特性，采取有效的安全防护措施，并对安全设备进行经常性维护、保养，定期检测，保证正常运转。

二是要不断强化事故隐患排查治理工作，按照《安全生产事故隐患排查治理暂行规定》（国家安全生产监督管理总局令第 16 号）的规定，建立健全事故隐患排查治理和建档监控等制度，逐级建立并落实从主要负责人到每个从业人员的隐患排查治理和监控责任制，加强现场安全管理，及时消除事故隐患，并按规定定期向安监部门报告。

三是要不断强化安全生产教育培训工作，保证从业人员熟悉有关的安全生产规章制度和安全操作规程，掌握本岗位的安全操作技能，并督促其在作业过程中，严格遵守规章制度，正确佩戴和使用劳动防护用品。

② 各负有安全监督管理职能的部门、行业主管部门要举一反三，加大监督监察力度，督促企业落实安全生产主体责任，以铁的手腕排查整治安全隐患，有效防范和遏制各类安全事故的发生，确保安全生产总体形势的平稳。

［案例二］　某钢铁厂机械伤害事故

1. 事故概况

2013 年 11 月 21 日 20 时 20 分，某集团重工股份有限公司烧结厂 3 号烧结机机尾用于环保的除尘风机在电机更换后调试运行时爆裂，风机转子、机壳碎片飞出击中现场作业人员，造成 4 人死亡、3 人受伤，直接经济损失 600 余万元。

该集团重工股份有限公司 2010 年成立，民营企业，是该集团公司的成员单位，每年向该集团公司缴纳管理费 500 万元，并接受其业务指导，与该集团公司无资产关系。注册资本 3 亿元，公司类型为有限责任公司，主要经营精密铸铁件、铸钢件、铸锻件的制造与销售，以及生铁冶炼、烧结矿、钢铁制品、钢坯、特钢、轧钢、线材的生产与销售等。该公司下设 8 个分厂，14 个部室，员工 5000 余人，年产生铁 300 万吨，钢坯 300 万吨，中厚板 100 万吨。

2013 年 11 月 21 日凌晨 5 时左右，某集团重工股份有限公司烧结厂 3 号烧结机机尾用于环保的除尘风机电机在运行中发生弧光接地故障，造成停机，经检查确认为电机线圈烧坏（电机型号为 YKK560-8）。上午 7 时 40 分，烧结厂厂长王某在公司早调会上进行了汇报，公司常务副总经理赵某要求尽快修复。王某回厂后，成立了以烧结厂维修车间主任左某为组长的检修小组负责电机更换。检修小组依据公司规定编写了检修方案，制定了安全措施。根据公司设备维修规定，烧结厂设备科长武某将电机损坏情况上报给公司设备部长孔某和供应部长石某。根据职责分工，供应部具体联系确定既有维修能力又可以在维修期间提供相同型号替代电机的维修厂家。经公司供应部采购员唱某多方联系，某高压电机维修中心有两台型号相近电机：一台为 Y560-8 电机，一台为 YKK560-6 电机。得知此情况后，公司供应部部长石某打电话询问烧结厂厂长王某该电机是否能用，并让他直接与石家庄维修厂家联系。王某就让该厂设备科长武某与厂家沟通。随后，武某在与烧结厂维修车间主任左某商量后以电话形式告知某高压电机维修中心YKK560-6 电机可用，并向公司供应部长石某和设备部长孔某做了汇报。孔某同意先借用该替代电机使用，待公司损坏电机修复后再返还厂家的替代电机。下午 16 时左右，烧结厂维修人员将从某厂运来的替代电机送到公司机修厂安装联轴器。17 时左右，运达烧结厂。此时，武某发现该电机无铭牌，就问维修车间主任左某情况，左某回答："该电机到货后就没有铭牌，电机中心高、地脚尺寸和安装尺寸都相同，应该没有问题。"于是就组织现场人员开始安装。18 时 45 分，电机安装完成后开始接电空试，运行正常，但转向相反。19 时 15 分，停机倒线。20 时左右，连接完毕。左某通知可以启动。20 时 15 分，风机启动，启动后运行平稳，左某通知开启风门，开至 5°时未发现风机异常，运行 3min 后左某通知增开 5°风门，此时，烧结厂长王某发现风机栏杆有轻微震动。当风机运行5min 后，左某通知再加开 5°风门时（此时风门已加到 15°），震动加大，现场的烧结厂电修主任张某听到有异响，就向王某说："不行就停吧。"王某说："马上停。"话音刚落，就听到一声巨响，风机机壳破裂，风机转子和机壳碎片飞出，击中了现场 10 名员工中的 7 名员工。

事故发生后，现场的烧结厂厂长王某立即向公司安全副总靳某和常务副总赵某报告，靳某随即电话通知公司应急救援车赶赴现场，并拨打 120 求助，几分钟后，公司救援车最先赶到，并将一名伤者送至某医院，随后赶到的两辆 120 救护车分别将其余 6 名伤者送到市人民医院抢救。至 22 日凌晨 5 时左右，从 3 家医院反馈过来的信息：4 人经抢救无效死亡，其余 3 人正在接受治疗，无生命危险。本次事故共造成 4 人死亡、3 人轻伤。

2. 事故原因

（1）直接原因

由于烧结厂机尾除尘风机使用的替代电机转速大于原配电机转速（原配电机型号 YKK560-8、转速 730r/min、功率 800kW，替代电机型号 YKK560-6、转速 1000r/min、功率 800kW），其转速是原配电机转速的 1.3 倍。在使用替代电机后风机承受的载荷是核定载荷 2.8 倍（风机额定转速为 750r/min），致使风机转子解体后打碎机壳，转子和机壳碎片飞出击中现场作业人员。因此，错误使用与风机不相匹配的高转速电机是导致这起事故发生的直接原因。

（2）间接原因

① 风机启动试车过程中，烧结厂维修车间主任左某违反公司《除尘风机岗位操作规程》，未指令现场负责试车的风机工、电工以外的 8 名职工撤离现场。烧结厂厂长王某到现场监督试车，也未有效组织人员撤离，事故发生时，转子及机壳碎片飞出，造成伤亡人员扩大。

② 该重工股份有限公司相关部门负责人未严格执行公司《安全生产三项制度》，对设备进厂把关不严密。烧结厂违反公司设备管理制度，在替代电机未经公司设备管理部门验收、确认的情况下，盲目安装调试。

③ 该重工股份有限公司既没有原配型号 YKK560-8 电机的设备档案、图纸、合格证等技术资料，也没有替代电机的设备档案、图纸、合格证等技术资料，且替代电机无铭牌。替代电机与原电机极数、转速发生了变化，企业未重新调整技术参数。

④ 驻企督导组和工信局、安全监管局对该企业安全管理制度落实情况监管不到位。

3. 整改措施

① 该集团重工股份有限公司要深刻汲取事故教训，举一反三，严格落实企业安全生产主体责任，进一步明确公司供应、设备等部门和各分厂的职责分工，细化标准，明确责任，认真落实和执行对进厂设备的验收把关制度，有效堵塞管理漏洞。

② 该集团重工股份有限公司要加大对职工的安全教育和培训，强化对操作现场的安全管理，坚决杜绝"三违"。

③ 该集团重工股份有限公司要加强对检维修工作的组织领导，做好检维修作业的组织管理、统筹协调和安全监管工作，制定并落实好检维修过程中的应急预案。

④ 该集团重工股份有限公司要进一步修订完善应急预案，明确事故报告主

管部门和人员的相关责任，一旦发生事故，要严格执行在规定时限内按程序上报的规定。

⑤ 市政府及其有关职能部门要认真履行安全监管职责，坚决贯彻"安全第一，预防为主，综合治理"方针，加大对所属企业安全隐患排查力度，彻底消除各类安全隐患，切实保障人民群众生命和财产安全。

[案例三] 某熔制厂机械伤害事故

1. 事故概况

2016 年 6 月 2 日 16 时 26 分，某市某实业有限公司保温瓶厂熔制分厂大炉车间发生一起机械伤害事故，造成 1 人死亡，直接经济损失 75.5 万元。

该实业有限公司成立于 2004 年 1 月，主要从事保温瓶和搪瓷制品的生产、销售，已形成年产保温瓶 5600 万只，搪瓷不粘锅、铁不粘锅和铝不粘锅 800 余万套的生产能力，年产值 3 亿元左右。公司现有员工 1880 人，营业期限为 2014 年 1 月 16 日至 2054 年 1 月 15 日。公司保温瓶厂设有熔制分厂、瓶胆分厂、外壳分厂三个分厂。熔制分厂有大炉车间、熔制一车间、熔制二车间、动力车间四个车间。大炉车间未配备维修工，该车间维修任务由动力车间维修班担任。

2016 年 6 月 2 日 7 时 20 分，大炉车间原料工段搅拌机零点班机台长肖某在下班途中碰到动力维修班班长周某，反映了 1# 炉原料搅拌机搅拌斗内衬板磨损严重，需更换的问题。6 月 2 日 14 时多，周某安排动力维修班分两个小组工作，其中周某带钳工毛某一个组，二人先在其他地点进行维修，15 时 36 分，周某到达大炉车间原料工段搅拌机旁，先在搅拌机安装于墙上的电源控制按钮上悬挂了"正在维修，严禁启动"的警示牌，再上搅拌机维修。二十多分钟后，毛某也到了搅拌机处，他爬上搅拌机，先看了搅拌机主机上的控制按钮，发现处于断电位置，又拉了一下电闸，确认断电（他不知道此按钮已经改装报废），然后和周某一起清理搅拌斗内的残料。周某发现斗内三块衬板边角都磨损了，他安排毛某到搅拌机下面和他共同拆除衬板螺钉，周某在斗内顶住螺钉，毛某在斗外拧螺钉的另一端。16 时 26 分，当班搅拌机机台长肖某步入搅拌机工房，他从墙上控制按钮的侧面掀开"正在维修，严禁启动"的警示牌，按下了搅拌机电源按钮，正在搅拌斗外拧螺钉的钳工毛某突然听到搅拌机运转的声音，同时听见斗内周某喊了一声"谁在开机!"，此时事故已经发生。

毛某意识到出事了，赶紧从搅拌机上跳下来，看到肖某在搅拌机电源按钮旁，此时搅拌机已停机，毛某和肖某爬到搅拌机上，看到周某在斗内鲜血淋淋，头部受伤，右脚已被卡断，左脚卡在滚轴下，人被卡在搅拌机叶轮之间，已无任何声息，肖某见状慌了，连说"何得了! 何得了!"，同时吓得边哭边往外跑喊人，毛某爬到斗内，想把周某抬出来，但周某被卡住，他根本抬不动，只得大声呼救，在附近工作的车间拖料工万某随即爬上拌料机抢救，几分钟后，公司设备部部长刘某、动力维修班钳工 4 人、熔制分厂厂长周某、公司安全副总经理雷某、公司总经理毛某等人赶至现场，雷某检查周某身体，发现其已无脉搏。现场人员一边联系医院救护车，一边用叉车搭建抢救平台，把卡住周某的滚轴用氧割割掉，16 时 55 分左右，现场 6 人将周某抬出搅拌斗，17 时 10 分左右，市 120 救护车赶到现场，经随车医师检查周某伤情后，公司派人送往市中心医院，周某在送医院途中死亡。

2. 事故原因

（1）直接原因

① 维修搅拌机人员违章作业　维修工在维修搅拌机前未按照检修设备的规定关闭总电源（未按规定拔掉电源熔断器），未做启动复查，在无人监护的情况下进入搅拌斗内维修作业。

② 搅拌机机台长违章作业　搅拌机机台长肖某违反操作规程，操作前未按照搅拌机安全操作规程的要求了解交班设备的使用情况、检查减速箱油位、确认无杂物等，在明知挂有"正在维修，严禁启动"安全警示牌的情况下，启动搅拌机控制按钮。

（2）间接原因

① 事故车间未建立交接班制度，班组之间安全管理严重脱节　大炉车间原料工段从未执行过交接班，事发当天，动力车间维修班开始对 1♯炉原料搅拌机维修时，早班人员已经下班，而中班人员尚未到岗，导致维修人员和操作人员之间没有任何信息传递，存在安全管理真空。

② 维修制度落实不到位　该公司在《施工与检（维修）安全管理制度》中规定："所有检维修项目均应在检修前办理相应的手续，并通过审批。"但该公司对于小型的维修未执行工作票制度。

③ 安全隐患排查治理不到位　1♯炉原料搅拌机空气开关和断路器在失效的情况下未撤除和进行任何标识，留下误导维修工的安全隐患。

④ 现场管理不到位　对职工守章作业要求不严，致使职工习惯性、经验性违章行为存在；维修时未按规定派人现场监护。

⑤ 公司各部门之间、车间之间、部门与车间之间缺乏有效的沟通机制　动力维修班隶属动力车间，负责动力车间和大炉车间的设备维修，设备部负责维修人员的业务指导，这种错综的管理关系缺乏一整套的管理机制，导致各种信息沟通不畅。

⑥ 对职工教育培训工作不到位　职工安全教育培训工作流于形式，培训效果不佳，职工安全意识淡薄。

3. 整改措施

① 以此次事故为教训，查找问题，举一反三，在公司开展一次安全大反思、

安全隐患大排查活动，及时消除生产安全隐患。

② 严格落实安全管理制度和设备操作规程。公司必须加强现场管理，加强对检修安全管理制度和设备操作规程的落实检查，维修时指定专人监护，杜绝安全生产"三违"行为，加强职工守章作业的管理，建立健全并落实交接班制度。

③ 加大隐患排查治理力度。公司各级各部门要切实落实安全隐患排查治理制度，按规定进行安全隐患排查治理，并按时间节点检查和落实整改情况，对未及时排查和整改的下属单位严厉追责。

④ 理顺分厂、车间（部门）、班组组织架构，重新修订分厂、车间（部门）、班组的职责，杜绝交叉指挥和管理真空，避免多头管理乱象。

⑤ 切实加强职工的安全教育培训工作，注重培训效果，开展全员培训，将有关安全生产制度贯彻到每一个员工，重点要将作业范围内危险源点及防范措施告知每一个员工，尤其要加强对设备设施检维修人员、电工、一线操作人员的安全教育和培训，提高基层员工安全意识和安全素质，提高职工安全意识和自保、互保、联保能力。

⑥ 建立车间（部门）、班组之间的信息沟通机制，建立交叉作业管理制度，落实检（维）修工作票管理制度、挂牌制度、协同作业制度和专人监护制度。

▶ [案例四] 某装饰制造厂机械伤害事故

1. 事故概况

2016 年 10 月 10 日 16 时 20 分，位于某市工业园的某装饰样品制造有限公司发生一起机械伤害事故，致 1 人死亡和 1 人受伤。该装饰样品制造有限公司成立于 2015 年 7 月 13 日，注册资本 50 万美元。经营范围是生产和销售专供窗帘、瓷砖、布料等销售用的样品及样品手册、五金制品和配件、箱包、包装盒、贺卡；设立研发机构，研究和开发窗帘、瓷砖、布料、五金制品、箱包、包装盒、贺卡及相关产品。企业共有 150 名员工。

事故地点为该公司三楼印刷车间，位于三楼车间西侧，印刷车间内共有两台 HD-垂直式精密丝印机（以下简称丝印机），每台丝印机由两名员工操作，另还有两台 UV 光固机，每台机由三名员工操作，导致事故发生的丝印机为 2 号 HD-垂直式精密丝印机（以下简称 2 号丝印机）。2 号丝印机的基本情况：

产品型号：70120；机身编号：120914；生产厂家：某机械有限公司；出产日期：2012 年 9 月 11 日；输入电压：380V/50Hz。

2016 年 10 月 10 日 16 时，杨某在操作 2 号丝印机进行印刷时发现丝印机的网版有四个漏墨点，于是，杨某把 2 号丝印机调至"手动"模式，设备处于停转状态，杨某就开始补网版的漏点，当时车间物料员唐某正好送完物料没事做，由于唐某也会补漏墨点，于是他也从设备左侧把头伸到网版下面协助修补漏点，此时，设备的网框突然下降，唐某的头部没法及时退出来，头被夹在网版与工作台之间。杨某及时避让把头部伸了出来，左手没有及时伸出而被网版压到导致左手手臂受轻伤。

事故发生后，现场人员立即把网版升高，救出唐某，并拨打了 110 和 120。120 救护车赶到现场并实施抢救后宣布抢救无效。当地派出所、安监分局接报后，迅速安排执法人员赶到现场了解情况，并控制了事故现场，妥善保护事故现场以及相关证据，为后续事故调查现场勘查奠定基础。

2. 事故原因

（1）直接原因

① 唐某违章作业。唐某本职岗位是物料员，主要负责丝印车间的物料配送工作，唐某在机器没有断电的情况下未意识到机械挤压的危险，将身体探入到承印台与网框之间进行作业。

② 杨某违规操作。杨某在进行网版补漏洞工作时，未将丝印机彻底断电，违规将身体伸入承印台和网框之间进行网版漏洞工作。

③ 涉事丝印机网版突然下降，根据 2 号丝印机检验报告，该丝印机各传动机构运转平稳，动作协调，气动系统正常，但是该丝印机安装的急停操作装置开关低于承印台平面，安装不合理，且急停装置的铝合金板太窄，与微动开关距离过大，不满足 GB 16754—2008 第 4.4.2 条的规定，导致丝印机急停装置无法及时启动。

（2）间接原因

① 该装饰样品制造有限公司安全教育培训不到位　未按照《中华人民共和国安全生产法》的规定对从业人员进行安全教育和培训，保证从业人员具备必要的安全生产知识，熟悉有关的安全生产规章制度和安全操作规程，掌握本岗位的安全操作技能，了解事故应急处理措施。未按照规定建立安全生产教育和培训档案，未如实记录安全生产教育和培训的时间、内容、参加人员以及考核结果等情况。

② 该装饰样品制造有限公司设施、设备管理不到位　涉事丝印机控制面板残旧，存在功能标识不清、急停器件缺失及仪表损坏等情况，存在误操作风险。

③ 该装饰样品制造有限公司生产安全事故隐患排查治理不到位　未及时排查生产安全事故隐患，如实记录事故隐患排查治理情况，并向从业人员通报。

④ 车间安全警示标志不足　未按照《中华人民共和国安全生产法》有关规定，在有较大危险因素的生产经营场所和有关设施、设备上，设置明显的安全警示标志。

3. 整改措施

① 严格落实企业安全生产主体责任　这起事故给人民群众生命财产安全造

成严重损失，教训极为深刻。该装饰样品制造有限公司必须严格落实企业安全生产主体责任，要经常开展安全生产检查，认真排查事故隐患，堵住安全管理漏洞，完善安全管理措施，加强现场安全管理；要完善安全生产管理机构，明确各岗位安全生产工作职责；要建立健全以安全生产责任制为核心的各项规章制度和各岗位操作规程，并保证落实；须制定生产安全事故应急救援预案并组织演练，做好应急准备；要加强岗位和设备、设施及其运行的安全检查，发现隐患应当停止操作并采取有效措施解决，坚决防范违章指挥、违规作业；要把安全生产"一岗双责"制度落实到生产、经营、管理的全过程，做到安全投入到位、安全培训到位、基础管理到位、应急救援到位，确保安全生产。

② 加强从业人员安全意识教育培训 该装饰样品制造有限公司要经常性地开展从业人员及管理人员、特种作业人员的上岗前安全教育和培训，认真检查安全管理人员、特种作业人员的资质、资格，防止无证上岗，坚决制止从业人员擅自窜岗从事非本职岗位的工作，加强生产现场事故隐患排查，增强企业职工的安全意识。

③ 加强企业设施设备的安装和维护保养 该装饰样品制造有限公司要严格落实设施设备的安装符合国家标准或行业标准，对设施设备进行经常性维护、保养，并定期检测，保证正常运转。维护、保养、检测应当做好记录，并由有关人员签字。

④ 保障安全生产投入 建立企业安全生产长效投入机制，保障设施设备改造和维护、安全生产宣传和教育培训、事故应急救援、改善员工劳动保护、隐患排查治理等工作得到有效的实施。

第三节 机械伤害事故启示录

1. 事故教训

① 操作、维护、修理机械设备时不要穿戴会被机台伤害的物品，比如戒指、手镯、手表、宽松的衣服、颈上易摇摆的物品（如领带）。

② 作业时根据各车间所要求的 PPE 装置标准佩戴 PPE 上岗作业。

③ 只有授权和培训过的人员才允许操作、维修、维护设备。

④ 严禁在不安全的机械设备上继续工作。

⑤ 严禁私自移开、挪用、破坏防护装置，若需改动防护装置必须先经过申请批准。

⑥ 每班的员工在开工前先目视检查防护装置的状况。

⑦ 机械防护装置需要由指定或授权的人定期检查。

⑧ 当防护装置被指定或授权的人移走时必须进行上锁挂牌程序。

⑨ 若防护装置被破坏或没有防护装置，绝对禁止使用机台，并要向主管报告。

⑩ 机械设备各传动部位必须有可靠防护装置，各人孔、投料口、螺旋输送机等部位必须有盖板、护栏和警示牌。

2. 对策建议

① 开展扎实有效的安全技术培训工作，有针对性地对员工进行岗位技能和安全知识的培训教育，提高操作技能，遵守规章制度，切实增强职工的安全意识、遵章守纪意识和自我防范意识，杜绝"三违"行为，从根本上遏制事故的发生。

② 建立责任落实检查制度。无论是系统运行还是检修作业，切实落实各项安全责任，切实做到分工明确、责任到人、措施到位、检查到位、隐患排查到位。

③ 开展设备安全大检查，要对装置的不安全因素进行排查，对设备、设施和现场作业环境进行全面检查，对皮带机头、机尾等易造成伤害的设备、设施加装安全防护网（栏），增设岗位警示标识，时刻提醒大家注意安全，提高设备本质安全水平。

第四章
工业火灾事故典型案例分析

第一节 基础知识

一、工业火灾事故特点

工业企业火灾事故具有复燃、复爆性，火灾爆炸损失严重，初期火灾不易及时发现处理，火灾扑救困难等特点，主要体现在以下几个方面：

① 爆炸性火灾多　爆炸引起火灾或火灾中产生爆炸是一些生产企业的显著特点。这些企业生产中所采用的原料、生产的中间产品及最终产品多数具有易燃易爆的条件时，就会发生爆炸并导致火灾，火灾又能引起爆炸。

② 大面积流淌性火灾　可燃、易燃液体具有良好的流动特性，当其从设备内泄漏时，便会四处流淌，如果遇到明火，极易发生火灾事故。

③ 立体性火灾多　由于生产企业内存在易燃易爆物质的流淌扩散性、生产设备密集布置的立体性和企业建筑的互相串通性，一旦初期火灾控制不利，就会使火势上下左右迅速扩展而形成立体火灾。

④ 燃烧速度快，火势发展猛烈　在一些生产和储存可燃物品集中的场所，起火以后燃烧强度大、火场温度高、辐射热强、可燃气体液体的扩散流淌性极强、建筑的互通性等诸多条件因素的影响，使得火势蔓延速度较快。

二、工业火灾原因

① 物理原因：如旺火引燃电火花起火、静电放电、雷击等。

② 化学物理上的原因：如可燃物自燃、危险物品的相互作用、摩擦和碰撞。

③ 技术管理上的原因：如建筑物设计不符合防火要求、缺乏防火设施、设施老化失修、违反安全技术操作规程等。

④ 外界因素导致失火。

三、工业火灾预防措施

① 厂房在设计时，应符合建筑设计防火规范的要求。

② 加强对可燃物质的管理。对各种易燃易爆的气体、液体、固体，按其性质分别存放。特别是对易燃流体、有自燃危险的物质的管理，必须符合安全要求，防止自燃。

③ 管理和控制好各种火源。具有火灾爆炸危险的场所，严禁吸烟和带入火柴、打火机等。电焊作业前要清除周围的易燃物。在易燃易爆场所动火应制定安全措施，动火前要经有关部门审批，采取措施，取得动火许可证后方能动火。

④ 加强对电气设备及其线路的管理。防止短路、过负荷。对工业电炉要严加管理，防止烘烤可燃物。易燃易爆场所的电气设备和照明，应符合防火防爆要求。

⑤ 易燃易爆场所应有足够的、适用的消防设施，并要经常检查，做到会用、有效。

四、常用灭火材料和设施

1. 水

水是最常用和使用最方便的灭火剂。它通常经液态、雾态和气态形式使用和起作用，主要可降低火场的温度和隔绝空气。其消防设施有消火栓、雨淋、雨雾、水斗、喷雾器、水蒸气喷嘴和消防车等。

用水灭火的禁用场所：

① 忌水物质，遇水放热的物质，如钾、钠、铅粉、电石等。这些物质能与水作用生成可燃气体，形成爆炸混合物。

② 铁水、钢水及灼热物体。能使水迅速蒸发引起强烈爆炸。

③ 可燃易燃液体火灾。会使可燃液体浮于水面，扩大燃烧面积。

④ 电气火灾。水能导电，易造成触电和短路事故。

⑤ 精密仪器、贵重文物资料、档案的火灾。用水扑救，会使其毁掉。

2. 泡沫灭火剂

它以化学分解和机械方法产生泡沫，这些泡沫是热的不良导体，覆盖在燃烧物表面起阻隔、窒息、冷却作用。通常使用的设备有泡沫灭火器等。由于泡沫含水，所以电气、忌水物质的火灾禁用其灭火。

3. 二氧化碳灭火剂

由于二氧化碳是惰性气体，不助燃、不导电、无腐蚀、易液化，可以降低火场空气中的氧含量从而起到冷却作用。主要用于电气火灾、贵重物品火灾、粉尘火灾的扑救。通常使用的设备有二氧化碳灭火器等。

4. 化学干粉灭火剂

由细微的固体颗粒组成，可隔绝空气，降低火场温度。可以扑救石油、油化、有机溶剂、天然气设备的火灾。

5. 卤代烷灭火剂

有 1211、1202、1301 灭火剂等。它能抑制燃烧，起到冷却和窒息作用，可扑救油类、电气设备、化工原料、化纤原料等引起的初期火灾。通常有各种规格的卤代烷灭火器。

当发生火情后，应根据火灾性质，正确选择灭火器材。

第二节　典型案例分析

［案例一］　某禽业公司火灾爆炸事故

1. 事故概况

2013 年 6 月 3 日 6 时 10 分许，位于某省某市的某县级市一禽业有限公司，主厂房发生特别重大火灾爆炸事故，共造成 121 人死亡、76 人受伤，17234m² 主厂房及主厂房内生产设备被损毁，直接经济损失 1.82 亿元。该公司为个人独资企业，成立于 2008 年 5 月 9 日，法定代表人为贾某。该公司资产总额 6227 万元，经营范围为肉鸡屠宰、分割、速冻、加工及销售，现有员工 430 人，年生产肉鸡 36000t，年均销售收入约 3 亿元。该企业于 2009 年 10 月 1 日取得该县级市肉品管理委员会办公室核发的"畜禽屠宰加工许可证"。2012 年 9 月 18 日取得该市畜牧业管理局核发的"动物防疫条件合格证"。

2013 年 6 月 3 日 5 时 20 分至 50 分左右，该公司员工陆续进厂工作（受运输和天气温度的影响，该企业通常于早 6 时上班），当日计划屠宰加工肉鸡 3.79 万只，当日在车间现场人数 395 人（其中一车间 113 人，二车间 192 人，挂鸡台20 人，冷库 70 人）。6 时 10 分左右，部分员工发现一车间女更衣室及附近区域上部有烟、火，主厂房外面也有人发现主厂房南侧中间部位上层窗户最先冒出黑色浓烟。部分较早发现火情的人员进行了初期扑救，但火势未得到有效控制。火势逐渐在吊顶内由南向北蔓延，同时向下蔓延到整个附属区，并由附属区向北面的主车间、速冻车间和冷库方向蔓延。燃烧产生的高温导致主厂房西北部的 1 号冷库和 1 号螺旋速冻机的液氨输送和氨气回收管线发生物理爆炸，致使该区域上方屋顶卷开，大量氨气泄漏介入了燃烧，火势蔓延至主厂房的其余区域。

6 时 30 分 57 秒，该县级市公安消防大队接到 110 指挥中心报警后，第一时间调集力量赶赴现场处置。该省及该市人民政府接到报告后，迅速启动了应急预案，省、市党政主要负责同志和其他负责同志立即赶赴现场，组织调动公安、消防、武警、医疗、供水、供电等有关部门和单位参加事故抢险救援和应急处置，先后调集消防官兵 800 余名、公安干警 300 余名、武警官兵 800 余名、医护人员

150 余名，出动消防车 113 辆、医疗救护车 54 辆，共同参与事故抢险救援和应急处置。在施救过程中，共组织开展了 10 次现场搜救，抢救被困人员 25 人，疏散现场及周边群众近 3000 人，火灾于当日 11 时被扑灭。

由于制冷车间内的高压贮氨器和卧式低压循环桶中储存有大量液氨，消防部队按照"确保液氨储罐不发生爆炸，坚决防止次生灾害事故发生"的原则，采取喷雾稀释泄漏氨气、水枪冷却贮氨器、破拆主厂房排烟排氨气等技战术措施，并组成攻坚组在该公司技术人员的配合下成功关闭了相关阀门。事故中，制冷机房内的 1 号卧式低压循环桶内液氨泄漏，其余 3 台高压贮氨器、9 台卧式低压循环桶及液氨输送和氨气回收管线内尚存储液氨 30t。在国家安全生产应急救援指挥中心有关负责同志及专家的指导下，历经 8 天昼夜处置，30t 液氨全部导出并运送至安全地点。当地政府对残留现场已解冻、腐烂的 2600 余吨禽类产品进行了无害化处理，并对事故现场反复消毒杀菌，避免了疫情发生及对土壤、水源造成二次污染。

当地党委政府认真做好事故伤亡人员家属接待及安抚、遇难者身份确认和赔偿等工作，共成立 121 个包保安抚工作组，对 121 名遇难者家属实行包保帮扶，保持了社会稳定。121 名遇难者遗体已全部经 DNA 比对确认身份，遗体已全部火化，遇难者理赔已全部完成。

事故发生时共有 77 名受伤人员入院治疗（其中 15 名为重症），卫生部门成立了一对一的医疗救治小组，国家卫生计生委派遣了医疗专家组，共有 18 名国家级专家、52 名省市专家、370 名医护人员参与治疗，累计会诊 392 人次。同时，对遇难者家属、受伤人员及其家属分步骤进行了心理疏导，实施了心理危机干预治疗。77 名受伤人员中，除 1 人因伤势过重经抢救无效死亡外，其他受伤人员均可恢复生活和劳动能力。

2. 事故原因

（1）直接原因

该公司主厂房一车间女更衣室西面和毗连的二车间配电室的上部电气线路短路，引燃周围可燃物。当火势蔓延到氨设备和氨管道区域，燃烧产生的高温导致氨设备和氨管道发生物理爆炸，大量氨气泄漏，介入了燃烧。

造成火势迅速蔓延的主要原因：一是主厂房内大量使用聚氨酯泡沫保温材料和聚苯乙烯夹芯板（聚氨酯泡沫燃点低、燃烧速度极快，聚苯乙烯夹芯板燃烧的滴落物具有引燃性）。二是一车间女更衣室等附属区房间内的衣柜、衣物、办公用具等可燃物较多，且与人员密集的主车间用聚苯乙烯夹芯板分隔。三是吊顶内的空间大部分连通，火灾发生后，火势由南向北迅速蔓延。四是当火势蔓延到氨设备和氨管道区域，燃烧产生的高温导致氨设备和氨管道发生物理爆炸，大量氨气泄漏，介入了燃烧。

造成重大人员伤亡的主要原因：一是起火后，火势从起火部位迅速蔓延，聚氨酯泡沫塑料、聚苯乙烯泡沫塑料等材料大面积燃烧，产生高温有毒烟气，同时伴有泄漏的氨气等毒害物质。二是主厂房内逃生通道复杂，且南部主通道西侧安全出口和二车间西侧直通室外的安全出口被锁闭，火灾发生时人员无法及时逃生。三是主厂房内没有报警装置，部分人员对火灾知情晚，加之最先发现起火的人员没有来得及通知二车间等区域的人员疏散，使一些人丧失了最佳逃生时机。四是该公司未对员工进行安全培训，未组织应急疏散演练，员工缺乏逃生、自救互救知识和能力。

（2）间接原因

① 该公司安全生产主体责任根本不落实

企业出资人即法定代表人根本没有"以人为本、安全第一"的意识，严重违反党的安全生产方针和安全生产法律法规，重生产、重产值、重利益，要钱不要安全，为了企业和自己的利益而无视员工生命。

企业厂房建设过程中，为了达到少花钱的目的，未按照原设计施工，违规将保温材料由不燃的岩棉换成易燃的聚氨酯泡沫，导致起火后火势迅速蔓延，产生大量有毒气体，造成大量人员伤亡。

企业从未组织开展过安全宣传教育，从未对员工进行安全知识培训，企业管理人员、从业人员缺乏消防安全常识和扑救初期火灾的能力；虽然制定了事故应急预案，但从未组织开展过应急演练；违规将南部主通道西侧的安全出口和二车间西侧外墙设置的直通室外的安全出口锁闭，使火灾发生后大量人员无法逃生。

企业没有建立健全和落实安全生产责任制，虽然制定了一些内部管理制度、安全操作规程，但主要是为了应付检查和档案建设需要，没有公布、执行和落实；总经理、厂长、车间班组长不知道有规章制度，更谈不上执行；管理人员招聘后仅在会议上宣布，没有文件任命，日常管理属于随机安排；投产以来没有组织开展过全厂性的安全检查。

未逐级明确安全管理责任，没有逐级签订包括消防在内的安全责任书，企业法定代表人、总经理、综合办公室主任及车间、班组负责人都不知道自己的安全职责和责任。

企业违规安装布设电气设备及线路，主厂房内电缆明敷，二车间的电线未使用桥架、槽盒，也未穿安全防护管，埋下重大事故隐患。

未按照有关规定对重大危险源进行监控，未对存在的重大隐患进行排查整改消除。尤其是 2010 年发生多起火灾事故后，没有认真吸取教训、加强消防安全工作和彻底整改存在的事故隐患。

② 公安消防部门履行消防监督管理职责不力

该镇派出所未能认真履行负责全镇消防安全监管工作的职责，发现该公司符合《某省消防安全重点单位界定标准》后，未将该公司作为二级消防安全重点单位向该县级市公安消防大队上报，未进行盯防和监控；对劳动密集型生产加工企业等人员密集场所监督检查不力，疏于日常消防安全监管，未对该公司进行实地检查，未及时发现其存在的重大事故隐患并下达《整改通知书》督促整改。尤其是对2010年该公司多次发生的火灾事故没有会同该县级市消防大队进行认真严肃的查处，致使该企业没有吸取事故教训、加强消防安全管理。事故发生后，与企业有关人员共同对消防检查记录进行作假。

该县级市公安消防大队违规将该公司申请消防设计审核作为备案抽查项目，在没有进行消防设计审核、消防验收的前提下，违法出具《建设工程消防验收合格意见书》；未发现和督促纠正建设单位擅自更换不符合防火标准的建筑材料的问题；未按照《某省消防安全重点单位界定标准》将该公司列为二级消防安全重点单位，实施重点监控；未指导该镇派出所对该公司定期进行消防安全教育培训；对2010年该公司多次发生的火灾事故没有认真严肃地查处，致使该企业没有认真吸取事故教训，加强消防安全工作和对重大事故隐患进行整改消除。

该县级市公安局督促指导开展辖区内劳动密集型生产加工企业火灾隐患排查治理工作不力；对消防安全重点单位界定工作不力；对该镇派出所消防安全监督管理工作疏于监管。

该市公安消防支队未能发现和纠正该县级市公安消防大队违规将该公司建设项目作为备案抽查项目、违法办理消防验收手续等问题；监督指导该市公安消防大队开展人员密集场所全覆盖安全监督检查不力；对该县级市公安消防大队失职问题失察。

该市公安局督促指导该县级市开展劳动密集型生产加工企业火灾隐患排查治理工作不得力；对消防安全重点单位界定工作不到位；对该县级市公安局及其消防大队消防安全监督管理工作疏于监督检查。

该省公安消防总队宣传贯彻《消防法》及《建设工程消防监督管理规定》（公安部令第106号）、《消防监督检查规定》（公安部令第107号）等法律法规不到位；对该市公安消防支队及其该县级市公安消防大队存在的问题失察；在业务培训、队伍建设、督促干部依法行政方面存在薄弱环节。

该省公安厅对全省消防安全监督管理工作检查督促不到位，对该市公安及其消防机构消防监督管理工作失察。

③ 建设部门在工程项目建设中监管严重缺失

该镇建设分局监管人员没有执法资格证件，责任心不强、监管水平低。工作严重失职，放松安全质量监管甚至根本不监管；对该公司项目工程建设各方责任主体资格审查不严，未能发现和解决该公司项目建设设计、施工、监理挂靠或借用资质等问题；在工程建设中，未能发现并查处该公司擅自更改建筑设计、更换阻燃材料等问题。

该县级市建设工程质量监督站对该公司工程建设监管工作严重失职。该站没有按照国家规定对该公司项目工程建设各方责任主体资格进行审查，未能发现和纠正该公司项目建设设计、施工、监理单位挂靠或借用资质等问题；对该公司项目检查时，未发现和查处工程监理人员没有资质、监理日志和月报等工程资料不全、建设施工方擅改建筑设计更换建筑材料等问题；对竣工验收环节把关不严，在该公司项目工程建设资料不全、工程各方质量行为不清的情况下，违规办理竣工验收手续，致使存在重大安全隐患的建筑投入使用；对辖区内工程建设的日常监管不扎实、不落实，现场质量检查不认真、不深入、不全面，站负责人工作极不尽责，参与现场检查的次数少，对所负责项目的监管内容和进度不清楚且工作缺乏计划，随意性大。

该县级市住建局对该公司项目工程建设招投标及工程验收等重点环节监督把关不严，导致该项目出现设计、施工、监理单位和人员挂靠或借用资质的问题；对下属的市建设工程质量监督站工作指导、监督、督促、检查不力；对该公司项目建设的安全质量问题严重失察。

④ 安全监管部门履行安全生产综合监管职责不到位

该镇安监站工作人员对安全生产工作职责不清，日常监管随意，检查记录残缺不全；对该公司安全生产监督检查流于形式，未对该公司特殊岗位操作人员资质和工作情况进行检查，未认真督促企业和镇消防部门对消防安全隐患进行深入排查治理；督促镇有关部门落实该省、该市开展防火专项行动工作不力，且发现该公司没有开展安全生产培训的问题后未认真督促整改。

该县级市安全生产监督管理局对特种作业人员持证上岗工作监管缺失；发现该公司使用存储液氨后，未对该公司特种作业人员持证上岗情况进行检查和查处；对重大危险源监控工作监管不力；督促指导辖区企业和消防部门落实该省、该市开展防火专项行动和隐患排查治理工作不认真、不扎实；监督指导市属有关部门履行行业安全监管职责工作不到位。

⑤ 地方政府安全生产监管职责落实不力

该镇人民政府重经济增速、重财政收入、重招商引资，对该公司建设片面强调"特事特办、多开绿灯"，要"政绩"而忽视安全生产。由镇经贸办同时代管镇食安办和安监站职责，委任的镇安监站站长和工作人员不具备基本的安全生产监管知识，不了解自己的工作职责；对镇政府有关部门履行安全生产和属地监督管理职责的指导和监督检查不力；未按要求认真深入扎实地开展"打非治违"工作，甚至自身违法违规行政，致使该公司存在大量的违法违规建设行为；不认真落实该省、该市关于开展人员密集场所消防专项整治的部署和要求，部署工作针对性不强，监督检查措施不得力，没有发现和监控该镇存在的多处重大危险源；隐患排查治理工作不认真、不严肃、不彻底，检查安排随意，没有计划、没有记录，发现隐患后没有跟踪整改和回访，使存在的重大事故隐患和严重问题没有得到及时有效消除和解决。

该县级市人民政府没有牢固树立和落实科学发展观和安全发展理念，片面地追求 GDP 增长，片面地强调为招商引资项目"多开绿灯、特事特办"，忽视安全生产。贯彻执行安全生产法律法规和政策规定以及上级的安全生产工作部署要求以及督促企业、基层政府及其有关部门落实安全生产和质量管理责任制、加强安全和质量监管不得力。2012 年以来，在对人员密集场所消防安全专项整治、冬春防火百日会战以及该省某矿业集团公司特别重大瓦斯爆炸事故后的安全隐患大排查治理工作中，市政府只是作了安排部署，但没有对层层落实安全生产措施和隐患排查治理的实际情况进行督促检查；安全生产大排查大整改不深入、不全面、不彻底，致使存在盲区死角，未能发现和解决该公司存在的重大安全隐患问题；开展"打非治违"工作不力，导致该公司出现严重违法违规建设行为和基层政府及有关部门违法违规行政；将工程建设审批权下放给镇人民政府和工业集中区后，未能督促指导其开展相应的安全和建筑施工质量监督检查工作，导致基层安全生产和质量监督管理工作不落实，企业的重大事故隐患得不到及时发现和整改消除。

该市人民政府没有正确处理安全与发展的关系，贯彻落实国家和该省安全生产法律法规、政策规定、工作部署要求不认真、不扎实、不得力；对有关部门和地方政府的安全及质量监管工作监督检查不到位，对"打非治违"和隐患排查治理工作要求不严、抓得不实；监督指导市属有关部门和该县级市人民政府依法履行安全生产监管职责不到位。

该省人民政府科学发展观和安全发展理念树立得不牢；贯彻落实国家安全生产法律法规、政策规定、工作部署要求和督促指导有关地区、部门认真履行职责、做好安全生产工作不到位；对全省消防安全工作的领导指导和监督不力。

3. 整改措施

（1）要切实牢固树立和落实科学发展观

该省和该市、该县级市各级人民政府及其有关部门以及各类生产经营单位要深刻吸取该禽业有限公司特别重大火灾爆炸事故沉痛教训，痛定思痛、痛下决心、举一反三，下大力气加强安全生产尤其是消防安全工作。要按照党中央、国务院的重大决策部署和习近平总书记、李克强总理等中央领导同志的一系列重要指示要求，牢固树立和切实落实科学发展观、正确的政绩观及业绩观，坚决防止和纠正一些地方、部门和单位重速度、重增长、重效益、轻质量、轻安全，甚至以牺牲安全为代价换取一时一地经济增长的倾向，认真实施安全发展战略，坚持以人为本、科学发展、安全发展，坚持发展以安全为前提和保障，坚持做到发展必须安全，不安全就不能发展，始终把人民生命安全放在首位，坚守发展决不能以牺牲人的生命为代价这一不可逾越的红线，真正把安全生产纳入地区经济社会发展的总体布局中去谋划、去推进、去落实，采取更加坚决、更加有力、更加有效的措施，通过完善体制、健全制度、创新机制，强化责任、强化管理、强化监督，严格执法、严格考核、严肃问责，真正把安全生产责任制和安全生产工作任务措施落到实处，尤其是基层、企业，牢牢夯实企业安全生产和政府安全监管基础。同时，要处理好安全与发展、安全与效益、速度与素质、增长与质量等方面的关系，强化宏观调控、强化政策引导、强化监督检查，端正发展思想、理清发展思路、转变发展方式，调整产业结构、推进科技进步、提高发展水平，确保安全生产。

（2）要切实强化企业安全生产主体责任的落实

各类生产经营单位要从根本上强化安全意识，真正落实企业安全生产法定代表人负责制和安全生产主体责任，坚决贯彻执行安全生产和建筑施工、质量管理等方面的法律法规，建立健全并严格执行各项规章制度和安全操作规程，坚决克服重生产、重扩张、重速度、重效益、轻质量、轻安全的思想，切实摆正安全与生产、安全与效益、安全与发展的位置，坚持牢固树立和落实科学发展观，坚持安全发展原则和"安全第一，预防为主，综合治理"的方针，坚持不以牺牲人的生命为代价去换取企业的产量增长和经济效益。要建立健全安全管理机构和安全责任体系，严格安全生产绩效考核和责任追究，实行"一票否决"；依法保证安全生产投入，杜绝偷工减料、降低标准等现象，坚持科技兴安，提升本质安全水平；加强安全教育培训，加强安全生产标准化建设，加强现场安全管理，严格特种作业人员管理；持之以恒地狠反非法违法违规建设生产经营行为，治理和纠正违章指挥、违章作业、违反劳动纪律的现象；认真持久彻底地排查和治理安全隐患，加强对重大危险源的监控和危险品的管理；加强应急管理尤其要加强应急预案建设和应急演练，提高应对处置事故灾难的能力。要通过不懈努力，切实持续改进和提升企业安全生产水平，全面提高企业的安全保障能力，坚决防止各类事故发生。

（3）要切实强化以消防安全标准化建设为重点的消防安全工作

该省和该市、该县级市各级人民政府及其有关部门和各类生产经营单位要强化安全生产尤其是消防安全"三同时"工作，进一步研究改善劳动密集型企业的消防安全条件，在建筑设计施工时应充分考虑消防安全需求，努力提高设防等级，并加强"三同时"审查、把关与验收，保证做到包括消防设施在内的安全设施"三同时"。要严格限制劳动密集型企业的生产加工车间中易燃、可燃保温材料的使用，保证建筑材料的防火性能；要合理设置疏散通道和安全出口，完善应急标志标识和报警系统，为作业人员提供充足的安全保障；要对全省类似企业尤其是使用此种保温材料的单位、场所进行全面排查，彻底整改并完善强化防控措施。同时，要层层落实特别是基层的消防安全责任制，全面深入地开展公众尤其是从业人员消防能力的提升工作，全面深入地开展消防安全专项整治，全面深入地加强人员密集场所和易燃易爆物品生产、销售、运输、储存等各环节的安全管理与监督，依法关闭取缔易引发火灾的"三合一""多合一"厂点、作坊，加强"防火墙工程"建设，强化消防安全"网格化"管理，从源头上搞好火灾等各类生产安全事故防范工作。

（4）要切实强化使用氨制冷系统企业的安全监督管理

该省和该市、该县级市各级人民政府及其有关部门要加强使用氨制冷系统企业和用氨单位的安全监督管理，在明确主管部门的基础上明确牵头部门，建立相关部门间的协调机制，完善行业安全管理制度，统一相关标准规范，加强日常监督检查和重大危险源监控，加强事故的防控工作。同时，要采取有力措施，加强宣传教育和业务培训，促进使用氨制冷系统的企业和用氨单位全体员工了解掌握氨的理化特性，并针对其危害性制定相应的安全操作规程，切实认真加以落实；要加强企业现场的监测监控，切实做好防泄漏等工作；要在劳动人员密集的地点设置氨气浓度报警装置及事故通风系统，为贮氨器增设水喷淋装置以及集水池和事故排水系统，为紧急泄氨器增设密封的事故排水罐或排水池。在此基础上，要大力推动企业转型升级，尤其要大力推广安全、环保的制冷机组。

（5）要切实强化工程项目建设的安全质量监管工作

该省和该市、该县级市各级人民政府及其有关部门要监督所有建设工程的业主、设计、施工、监理单位严格遵守国家基本建设相关法律法规规定和程序，严格落实各方的安全和质量责任，遵守建设管理流程，严格履行项目立项、设计、施工许可、组织施工、竣工验收等手续，严禁盲目赶工期、催进度和放松对质量和安全的监管，切实保障工程合理投入尤其是安全投入和合理工期，精心组织、规范施工，确保建设工程质量和安全。工程建设领域相关管理及监督部门要认真履行职责、依法依规行政，加强日常监管和行政执法，坚持原则、秉公执法、从严执法，严格把住各道关口，严禁违法违规违反程序去开"绿灯"。同时，要加大"打非治违"工作力度，全面排查和解决工程建设领域的突出问题，严厉查处越权审批、未批先建，无资质设计、施工、监理，以及非法转包分包、出借资质等违法违规行为，采取有力措施，维护市场公平竞争，确保工程质量，搞好安全生产。

（6）要切实强化政府及其相关部门的安全监管责任

该省和该市、该县级市各级人民政府及其有关部门要严格落实安全生产行政首长负责制和其他领导"一岗双责"制以及行业主管部门直接监管责任、安全监管部门综合监管责任、地方政府属地监管责任。要严格行政许可制度和审批责任制。尤其是行政审批，要坚持"谁主管、谁负责""谁许可、谁负责""谁发证、谁负责"的原则，审批前要严格审查，审批中要严格把关，审批后要化监管。各级行业主管部门要坚持"管行业必须管安全、管业务必须管安全、管生产建设经营必须管安全"的原则，认真履行行业安全监管职责，切实加强行业安全监管，加大行政执法力度，严厉打击非法违法生产经营建设行为，彻底治理纠正和解决违规违章问题，依法取缔关闭非法的不具备安全生产条件的各类小厂小矿和小作业经营点。特别要对劳动密集型企业的危险因素进行认真分析，有针对性地加强对劳动密集型企业的消防安全监管。同时，各级安全监管部门要进一步加强安全生产综合监管，在党委、政府的领导下，加强对下级地方人民政府和同级相关部门的监督检查、指导协调，切实调动和督促各方面共同做好安全生产工作。在全面加强安全监管和事故预防的基础上，要加强事故灾难的应对处置工作，建立统一领导、协调有序、运转高效的工作机制，督促指导相关部门和各类生产经营单位尤其是劳动密集型企业，制定切实有效的事故灾难应急预案，广泛开展不同层级、形式多样的应急演练，建立健全应急救援队伍体系，强化救援装备配备和物资储备。一旦发生事故，要有力组织指挥，科学安全应对，有序有力有效施救，并在救援过程中保护好现场。

（7）要切实强化对安全生产工作的领导

该省和该市、该县级市各级人民政府要高度重视安全生产工作，切实加强组织领导，确保思想认识到位、领导工作到位、组织机构到位、工作措施到位、政策落实到位。要完善工作体系、构建有力格局，做到党政齐抓、各方共同负责；要定期听取有关方面的安全生产工作汇报，定期研究分析安全生产形势，及时发现和解决存在的问题；要坚持依法行政、依法治安，深入持久地组织开展"打非治违"工作，坚决打击企业的非法违法建设生产经营行为，坚决治理纠正地方特别是基层政府及其有关部门违法违规行政问题；要组织开展经常性的安全检查督查，尤其要组织好当前国务院部署开展的安全生产大检查，确保不走过场、取得实效；要切实把安全生产作为衡量地方经济发展、社会管理、文明建设成效的重要指标，在正确把握形势的基础上，注重把安全生产与科学发展、推进经济转型升级、落实为民务实的要求、提升治国理政的能力相结合，统筹兼顾、协调发展；要进一步加强安全法制建设、长效机制建设、责任体系建设、监管队伍建设和投入机制建设，不断提升企业安全生产和政府安全监管能力与水平；要坚持立足防范、标本兼治、重在治本、狠抓源头，强化落实、强化执行、强化基础、固本强基，从根本上改变安全生产状况。通过强有力的领导和扎实有效的工作，坚决遏制各类事故尤其是重特大生产安全事故的发生，促进安全生产与经济社会同步协调发展。

▲ ［案例二］ 某电池制造企业火灾事故

1. 事故概况

2014 年 11 月 19 日 19 时 04 分许，某市某镇一电池科技有限公司发生较大火灾，过火面积约 200m²，火灾烧损厂内设备及物品一批，造成 5 人死亡，直接经济损失 9751850 元。

　　该电池科技有限公司成立于 2014 年 2 月 18 日，法定代表人为陈某，注册资本 50 万元，后于 2014 年 10 月增资为 100 万元，其中陈某占 70%，左某占 20%，李某 10%。公司经营范围为研发、产销锂离子电池。由于该公司为私营企业，生产场所为租用厂房，公司内设置有配料、涂布、制片、装配、注液、二封、包装、仓库等部门，使用功能为仓库、车间、办公等；装修材料使用轻钢龙骨石膏板、涂料和地砖等材料；使用电源为 220V 和 380V；该公司有一个安全出口和一个疏散门，并与相邻公司（某胶黏制品有限公司）形成一个防火分区；设置有室内外消火栓给水系统、灭火器、应急照明、疏散指示标志等消防设施。该公司锂离子电池的生产工艺为配料、制片、烘干、装配、注液、封口、充电、检测、包装等流程。事发时共有员工 161 人。此次火灾事故的起火建筑位于某市某镇，为某产业园内一栋五层的钢筋混凝土结构工业厂房，建筑占地面积 2996.21m²，建筑面积 15167.72m²，2012 年建成投入使用后，由业主方公司将厂房分租。起火单位为租用该建筑第五层局部场地的电池科技公司，租用面积为 1500m²。业主方公司采取厂房分租的经营方式，将该产业园内厂房 B 栋整栋和宿舍 E 栋整栋出租给某公司，该公司又将厂房 B 栋第五层 1500m² 场所和宿舍 E 栋第六层 12 间宿舍出租给左某，这些场地用于该电池科技公司生产、办公及住宿使用。该公司承租后，对厂房进行了装修，改变了厂房平面布置。

　　2014 年 11 月 19 日 19 时许，该公司二封车间组长黄某发现二封车间门口南侧处小推车上的半成品锂离子电池出现冒烟现象，随后黄某用灭火器进行灭火，十几秒后，烟势越来越大，处于不可控的状态。看到烟势控制不了，黄某便用灭火器把二封车间的玻璃打破，用灭火器往车间里面冒烟处直喷，但烟势仍在继续增大，随后引发火灾，厂内大部分员工开始逃生，部分员工开始报警。19 时 04 分许，该市公安消防局指挥中心接到报警称该镇某 B 栋五楼发生火灾，有人员被困。接到报警后，指挥中心立即调派专职队 5 台水罐车、1 台高喷车、1 台云梯车，共 60 名指战员到场扑救。根据现场指挥员反馈情况，指挥中心先后增调共 8 台消防车，35 名指战员前往增援，该市公安消防局全勤指挥部遂行出动。20 时 15 分，明火基本被扑灭。着火部位为第五楼该公司生产车间，过火面积约 200m²。火灾发生时，该公司共有 74 名工人正在上班，消防官兵到场后，解救出被困员工 6 人；后搜救出 5 名被困员工，送医院抢救无效死亡。

2. 事故原因

（1）直接原因

　　该电池科技有限公司在生产锂离子电池过程中，二封车间门口南侧处小推车上的半成品锂离子电池短路起火所致。

（2）间接原因

① 事发单位执行消防安全管理制度不到位　事发单位没有采取有效安全防

范措施，使用简易设备加工制造锂离子电池，工艺流程缺乏基本质量控制措施，产品存在瑕疵和缺陷，容易发生燃烧、爆炸，且消防安全意识淡薄，随意将厂区内部分隔，把疏散门锁闭，擅自将疏散楼梯的防火门更换为玻璃门，破坏了安全疏散体系，存在重大消防安全隐患。

②　事发单位安全生产主体责任不落实　事发单位未能组织对从业人员进行安全生产教育和培训，保证从业人员具备必要的安全生产知识；未能在生产场所设有符合紧急疏散要求、标志明显、保持畅通的出口，存在封闭、堵塞生产场所出口的情况。

③　该投资开发有限公司消防安全隐患监管整治不到位　该投资开发有限公司是该镇政府下属企业，由镇属企业房地产开发有限公司和经济发展总公司于2003年6月共同投资成立。根据该镇属地管理权划分，事故单位所在的工业区的消防安全、安全生产日常巡查和监督检查工作由该投资开发有限公司负责。调查发现，该投资开发有限公司在火灾事故发生前已发现业主方公司存在分租的情况，曾于2014年9月发现该电池科技公司存在较大消防安全隐患，但其后没有认真对该电池科技公司整改情况及时复查，也未能积极协调相关职能部门采取行政措施消除火灾隐患。该投资开发有限公司安全办没有按照镇属相关职能部署要求对辖区内电池生产行业进行全面排查，未能建立完善的安全生产监管工作机制以及档案、台账制度，致使消防安全隐患整治不到位。

④　该镇火灾隐患整治办消防安全隐患整治工作不力　该镇火灾隐患整治办作为镇一级设立的消防工作专门机构，主要负责针对"三小"场所、出租屋消防安全巡查及其他隐患整治工作，配合协助镇消防大队巡查辖区企业消防工作。经查，镇火灾隐患整治办工作人员分别于2014年4月和8月对该电池科技公司进行消防安全检查，在检查中发现了部分消防安全隐患问题，但检查工作不够细致认真，对一些存在消防安全隐患的问题没有及时发现和提出整改。同时未能跟进和督促该公司落实整改，对消防安全隐患整治疏于管理，致使隐患根源始终没有得到消除。

⑤　该镇消防大队执法不严，疏于监管　在该镇2014年开展的全镇电池行业消防安全检查中，落实监督检查工作不到位，未能彻底整治电池工厂企业消防安全隐患。经查，在2014年4月和8月，该镇消防大队消防监督检查员对该公司进行了两次检查，书面记录了消防监督检查发现的问题，检查情况录入了消防大队消监系统。消防大队作为消防安全的执法部门没有认真履行自身职责，未能督促该公司认真执行消防安全管理制度，对发现的消防安全隐患问题跟踪处理和落实整治工作不到位。

⑥　该镇安监分局监督检查不到位　根据该市机构编制委员会某机编〔2010〕126号文件规定，各安全生产监督管理分局负责辖区内的安全生产检查，监督生产经营单位贯彻执行安全生产法律法规和安全生产条件、有关设备、材料和劳动

防护用品的安全管理工作，依法实施安全生产行政执法；落实各项安全生产制度，开展各项安全生产整治。在火灾事故发生前该公司安全办，曾于2014年9月对事故单位开展实地检查，发现存在较大安全生产隐患并记录在案，但该镇安监分局和该安全办均未能及时采取有力措施落实整改并消除隐患问题。该镇安监分局未认真履行职责，对事发单位未能建立安全生产责任制，未能组织制定安全生产应急救援预案，未能对从业人员进行安全生产教育和培训，未能在生产场所设有符合紧急疏散要求、标志明显、保持畅通的出口，存在封闭、堵塞生产场所出口等违反《安全生产法》问题监督检查不到位，对该公司存在的事故隐患和安全管理混乱问题失察。

⑦ 该镇派出所消防监督检查工作不力　按照《某市公安派出所消防监督检查工作实施细则》规定，当地公安派出所应当在镇公安分局领导和消防大队的业务指导下实施消防监督检查工作；要建立辖区各类行业、场所的基本资料台账，对辖区内的机关、团体、企业、事业单位开展消防监督抽查，抽查数量按抽查范围内单位总数的20％确定。经查，该镇派出所未按照对辖区各类行业、场所逐一建档的要求，建立完整的消防检查档案资料；未把该公司和业主公司纳入消防总台账，致使该两家企业未纳入抽查范围内，消防监督检查工作存在漏洞。

3. 整改措施

① 大力排查整治，消除安全隐患　该镇政府要认真吸取教训，开展"网格式"大排查，分片包干、责任到人，健全机构和人员配置，建立火灾隐患排查整治的长效机制。要"举一反三"全面整治劳动密集型企业、公众聚集场所、高层地下建筑，尤其是分租式厂房、大型商业综合体，重点整治建筑消防设施损坏、关停，疏散通道堵塞，安全出口锁闭，单位消防安全"四个能力"建设及"三项报告备案"制度不落实等问题。镇公安消防机构、公安派出所、安监部门、火灾隐患整治办对发现的火灾隐患及消防违法行为，要及时督促整改，从严执法，敢于较真、碰硬，对严重消防违法行为要"零容忍"，根治违规顽疾，消除安全隐患。

② 落实监管责任，凝聚执法合力　该镇火灾事故造成了5人死亡的严重后果，事故发生暴露出镇政府和有关职能部门没有真正落实监管责任、部门之间协调处理不力、消防安全和安全生产检查不到位等问题。镇政府和有关部门要进一步明确责任，党政领导要按照"党政同责、一岗双责、齐抓共管"的要求把责任落实到领导干部，各职能部门要按照"管行业必须管安全、管业务必须管安全、管生产经营必须管安全"的要求，把安全管理责任落实到镇、村（社区）和工业区，切实消除"无人监管"的盲区和漏洞。各部门在履行好各自监管职责的同时，也要相互密切配合，及时互通信息，对消防安全和安全生产隐患要严抓整治，大力消除监管不到位的问题，杜绝安全事故的发生。

③ 强化网格管理，夯实基层责任 事故发生前，该镇有关部门对事故电池厂进行了检查，发出了消防隐患整改通知书，但没有跟进落实整改，网格化管理存在网格员职责不明确、排查整治作用发挥不明显的突出问题。该镇政府要进一步强化基层的消防网格化管理，认真落实网格管理、运行、奖惩、督导等工作机制，发挥镇、村及单位三级网络管理组织作用。按照"网格化"排查要求，落实网格员"实名制"责任，定期开展检查督导，建立工作台账，确保网格化排查常态化，真正做到底数清、情况明。

④ 严抓宣传教育，提高业务技能 该镇火灾事故发生后，企业消防安全责任人未及时组织人员疏散和扑救，企业员工缺乏逃生技能，反映出企业消防安全生产意识淡薄、消防安全责任人业务能力不强等问题。该镇要将此次火灾事故作为典型警示案例向社会、媒体进行报道，让警示教育深入人心，切实增强宣传效果。要加强消防安全、安全生产法律法规知识的宣传，各职能部门和村（社区）要做好宣传教育工作，结合消防宣传"五进"活动，深入基层、企事业单位开展宣传。组织消防、安全生产知识讲座，广泛宣传火灾报警、安全防范等消防安全常识，普及防火灭火以及疏散逃生等自救知识。大力开展消防安全培训，重点对消防安全责任人、巡查员、经营单位消防安全工作岗位人员等进行培训，学习消防隐患整改标准和初起火灾扑救与处理等基本技能，提高消防安全生产工作人员的业务技能和业务素质。

[案例三] 某制鞋厂火灾事故

1. 事故概况

2014 年 1 月 14 日 14 时 40 分左右，位于某市某村的一鞋业有限公司发生火灾，火灾过火面积约 1080m²，事故共造成 16 人死亡、5 人受伤。

该鞋业有限公司位于某市某村，系个体私营企业，法人代表为林某，股东为林某和张某两人，各持股份 50%。该鞋厂于 2003 年 6 月 10 日通过该市工商行政管理局登记注册，注册资本 108 万元，经营范围为鞋制造、销售，营业执照在有效期内。2013 年 6 月 14 日，通过该市工商行政管理局营业执照变更登记审核。该鞋厂雇有员工 83 名（均未签订劳动合同），主要生产布鞋、休闲鞋和保暖鞋等，2013 年产值 499 万元。

2003 年 7 月，该鞋厂租用该市某村的老村部办公楼作为生产厂房，并经村委会同意使用村部办公楼周边用地 1.98 亩（1 亩＝666.67m²）搭建铁棚（约400m²）用于生产。

厂房主体为砖混结构，坐东朝西，地上共有三层。其中，一层是成品鞋生产车间；二层为半成品加工车间和鞋料仓库；三层南半部为鞋帮加工车间，北半部为卫生间、厨房和休息室。主体厂房建筑中部设有一部连通各层的敞开式楼梯，主体建筑北侧外墙设有一部从二层通往一层的钢质疏散楼梯，二层通往该楼梯的疏散门为卷帘门。主厂房只在首层和二层室内楼梯处各设置一个室内消火栓，但室内消火栓未接入市政消防管网，也未设屋顶水箱，故消火栓处于无水状态。

租赁之初，该鞋厂未经审批擅自在主体建筑东、南、北三面加建了由单层铁皮棚和砖墙围成的不规则形状违章建筑用于生产，并使用至今。铁皮棚高 2m，建筑面积 400 余平方米。经查，该市城北街道于 2013 年 4 月与该鞋厂签订了年度安全生产综合目标管理责任书。驻村干部每月对该企业的消防安全等情况进行检查。记录显示，最近一次检查是 2013 年 12 月 31 日，当时检查未发现该鞋厂存在重大消防安全问题。据调查，该鞋厂建立以来，当地消防、派出所、安监等相关职能部门均未对该企业进行过消防和安全生产检查，城市管理部门也未对其搭建的违章铁棚采取过任何处罚和责令拆除的措施。

1 月 14 日，该鞋厂正常生产。当日下午，在企业车间内上班的员工共有 75 人（其中，一楼 35 人，二楼 8 人，三楼 32 人），由于学校放假，有 6 名小孩被员工带至车间。其时厂房内总计有 81 人。事故发生前，员工王某和吴某正在厂房一层东侧铁棚内进行包装作业，吴某负责打小包（即将成品鞋放入鞋盒），王某负责打大包（即将鞋盒装入大箱）。当时，在铁棚东北角离空压机约 2m 远处，共放有打包好的鞋子约 600 箱。在空压机南侧转角的平台处及废弃流水线西侧，共堆放有打包好待运至仓库的鞋箱 300 余箱，鞋箱堆高距铁棚顶约 1m。14 时 40 分许，面对堆放鞋箱方向作业的吴某突然闻到一股焦味，随即发现靠近东北角流水线处堆放的一排鞋箱着火，便告知王某，并随即呼喊附近员工拿灭火器进行灭火。发现火情后，一层成品车间管理负责人余某闻讯立即拉下配电箱总电闸，正在一层办公室的业主张某听到有人喊起火后跑出办公室，随即指挥员工用灭火器进行扑救和抢搬物品。因当日东北风强劲，通过东面砖墙上排风机孔洞进入铁棚，风助火势，浓烟与火焰蹿入一楼主厂房迅速蔓延。正在扑救的员工见火势无法控制，便相继逃离，并在厂房外呼喊楼上员工逃生。14 时 52 分，逃离厂房的员工陈某拨通 119 电话报警。随后，二层和三层部分员工通过二层外侧疏散楼梯或直接跳到一层铁棚顶进行逃生自救，也有部分员工躲在三层房间内等待救援，一些从三层逃至二层的员工因浓烟太大被困二楼不幸遇难。

2. 事故原因

（1）直接原因

位于鞋厂东侧钢棚北半间的电气线路故障，引燃周围鞋盒等可燃物引发火灾。

（2）间接原因

① 该鞋厂主体厂房未经消防审批，厂房内消火栓形同虚设，各层楼梯未经封闭，疏散楼梯门未采用平开门，存在严重消防安全隐患。厂房内电气线路及用

电设备没有专业电工维修保养，线路陈旧、敷设不规范，部分线路未采取穿管等防火保护措施，直接经过存放大量纸箱、成品鞋及可燃杂物等可燃易燃物品的包装车间，导致电气线路起火后迅速蔓延。同时，违规擅自搭建的铁棚更增加了火灾负荷，影响了人员疏散和火灾扑救。

② 该鞋厂内部安全管理混乱，安全生产主体责任不落实，消防安全无人具体负责，并因计件工资及员工流动性大等原因，企业内部组织管理松散，安全生产责任制、安全生产规章制度均得不到有效执行和落实。

③ 该市城北街道村委会以包代管、放纵违章，未尽安全管理基本职责。该村委会未履行房屋出租安全生产管理职责和基层消防安全检查责任，放纵鞋厂违章搭建行为，对鞋厂长期存在的严重消防安全隐患没有及时劝阻并向上级政府和有关部门报告。

④ 该市城北街道以及辖区派出所消防安全"网格化"管理工作制度在实际工作中没有很好落实，日常消防和安全生产监督检查不到位。该鞋厂开办十年来街道有关部门和派出所没有对其进行安全专项检查，仅以驻村干部例行检查代替安全检查，基层政府和相关部门安全管理存在死角盲区，致使该鞋厂严重消防安全隐患长期没有得到有效整治。

⑤ 该市相关部门消防安全监管工作不落实、不到位。该鞋厂违章搭建行为及企业内部严重消防安全隐患长期没有得到重视和整治，反映出当地消防安全大检查大排查没有真正做到"全覆盖、零容忍、严执法、重实效"，打非治违和隐患排查治理工作仍不彻底，消防、城管、安监等部门在执法、监管和指导城北街道工作上存在疏漏。

⑥ 该市市委、市政府对消防安全重视不够，履职不到位。在全省上下认真开展消防安全大排查大整治期间发生重大火灾事故，暴露出当地党委、政府对有关部门和基层街道政府开展消防安全打非治违和隐患排查治理工作督促、指导、检查力度不大，落实不够，基层安全监管仍浮在表面、存在漏洞，隐患排查整治仍不彻底。

3. 整改措施

① 搞好安全生产"大教育"，增强全社会防范事故意识 当地政府和相关部门要充分利用各类媒体大力开展全员、全方位、全过程的安全法规和知识的宣传，运用事故案例血的教训搞好安全警示教育，提高企业管理人员、生产人员以及社会民众的安全防范意识和避险能力，引导企业自觉加强安全管理，整改安全隐患，筑牢预防事故的思想防线。同时，要畅通群众对安全隐患、非法违法行为及事故的举报渠道，充分调动广大群众主动参与监督的积极性，将安全隐患和违法行为有效地置于全社会的监督之下。

② 开展安全隐患"大整治"，进一步改善安全生产环境 当地政府要结合当

前正在进行的党的群众路线教育实践活动，按照"全覆盖、零容忍、严执法、重实效"的要求，持续深入地开展安全生产大排查大整治，严格整改标准，严肃整治责任，真正做到不打折扣、不走过场、不留死角，确保彻底排查整治到位。重点针对本地区小作坊、小企业、出租房、违章建筑等场所设备设施陈旧落后、火灾隐患多、违规违章现象严重等突出问题，借助当前正在开展的"三改一拆"（旧住宅区、旧厂区、城中村改造和拆除违法建筑）、"四边三化"（在公路边、铁路边、河边、山边等区域开展洁化、绿化、美化行动）等工作，搞好整治规划，建立安全隐患台账，重点治理企业违章违法搭建、安全生产责任制和规章制度不落实、火灾隐患严重、员工安全培训和逃生演练不落实、现场安全管理混乱等问题，坚决清除非法违规生产经营和滋生事故隐患的土壤。

③ 抓好安全责任"大落实"，确保安全监管措施到位 当地党委政府要正确处理好安全与发展的关系，坚守"发展决不能以牺牲人的生命为代价"这条不可逾越的红线，坚决不要带血的 GDP。要按照习近平总书记关于安全生产工作的重要指示精神，进一步增强安全生产责任意识，抓好安全生产各项措施的落实。要建立健全"党政同责、一岗双责、齐抓共管"的安全生产责任体系，真正将安全生产责任逐级落实到政府、部门、镇街、村居、企业和房东，形成纵向到底、横向到边的安全责任网络，并通过将责任落实情况与诚信体系挂钩，加大企业违法成本等措施，督促辖区各类企业落实安全生产主体责任，保证安全投入到位、安全培训到位、基础管理到位、事故防范到位。要探索实施行政村安全生产两委负责制，建立出租房承租方安全监管和事故连带赔偿承诺制度。

④ 努力构筑安全"大监管"网络，实施安全隐患综合治理 当地消防、城管、工商、安监等部门要发挥好政府部门安全监管的主导作用，加强源头管控。凡不符合安全生产条件的不得核发相关证照；对于未经过审批擅自投入使用、营业的，一经查实，坚决予以关闭、查封。同时，要根据辖区内"低、小、散"企业量大面广的特点，进一步健全乡镇（街道）安全（消防）网格管理组织，明确职责任务，健全工作机制，通过发挥信息化平台作用，依靠基层网格管理力量搞好动态巡查，真正实现安全隐患和问题的早发现、早处置。

⑤ 落实安全事故"大防控"措施，建立安全管理长效机制 当地政府要认真分析当前安全生产形势，全面推进老旧住宅、老旧厂区和城中村安全生产综合整治，借助腾笼换鸟、机器换人等措施，加快淘汰危及安全生产的高风险产业、工艺和装备，倒逼落后产业转型升级。要综合运用法律、经济、行政等手段和教育、协商、调解等方法，在建设规划、证照核准、消防验收、供电安全、出租房和外来人口管理等方面积极探索常态化管理措施，建立各部门执法联动、管理联抓、问题联治、信息联通的安全生产联合执法机制，着力破解小企业、小单位、小作坊内部管理松散、非法违规现象普遍等安全生产难点问题，从源头上防控重特大生产安全事故发生。同时，当地安监部门要强化安全生产事故责任追究，对

因安全生产工作责任没有落实、事故防控措施不到位而发生人员伤亡火灾事故的，要按照"四不放过"的原则，从严追究单位负责人、责任人的法律责任。

［案例四］　某床上用品加工厂火灾事故

1. 事故概况

2017 年 11 月 20 日 8 时 42 分许，位于某市某区某村一床上用品仓库（兼顾生产功能，无营业执照）发生一起较大火灾事故。事故造成 6 人死亡、1 人受伤，过火面积约 $1600m^2$，直接经济损失约 707.12 万元。事故发生单位"某村某床上用品厂"，是一家无照企业，实际投资人、控制人为刘某，日常管理者为雷某，主要从事床垫、被芯、被单等床上用品及原材料、半成品、成品的生产、储存、经营，经事后勘查确认其为生产、仓储、住宿"三合一"场所。

事发建筑为钢结构带泡沫彩钢板厂房，厂房占地面积约 $1100m^2$，东面长 60.7m，南面宽 25m，西面长 53m，北面宽 32m，为不规则形状厂房。高度约 8m，内部三层，首层为生产加工场所，二、三层为仓库。厂房北面为水沟、民房，东南面毗邻一排临街商铺，东北面毗邻两层建筑，西面为玻璃模具厂和清洁用品有限公司厂房。东北面毗邻的两层建筑，楼梯位于两层建筑与东侧毗邻的店铺中间，一楼为办公室，二楼为一房一厅一阳台结构，北侧为带卫生间的卧室，中间为客厅，南侧原为阳台，被改建后南侧为过道和三个小房间。厂房新建的顶棚覆盖两层建筑的阳台部分，并与阳台部分原有的顶棚重叠，两层建筑的二楼局部住宿区域与厂房内部之间未采用实体墙彻底分隔。

2017 年 11 月 20 日 8 时 42 分许，该床上用品厂员工黄某发现在其操作的围边机七八米处、离厂门口约 10m 处的饮水机插线板旁的半成品海绵开始起火，随后其用手持式灭火器尝试灭火，但未能控制火势，随后其边呼救边逃离火场。由于该事发单位存放有大量海绵、椰棕垫等易燃可燃物，火势迅猛，急速扩大至整个厂房，烧损了生产工具、原材料及成品、半成品等物品一批，同时波及了厂房东北面二层住宿区域，导致局部烘烤和烟熏，造成现场工人侯某、霍某（尸检报告显示，两人均符合生前烧死特征）和厂房东北面两层建筑内 4 名被困人员雷某、张某、李某、聂某（尸检报告显示，4 人均符合一氧化碳中毒死亡特征）共 6 人死亡，黄某 1 人受伤（从事故现场逃生后，自行前往医院救治）。

2. 事故原因

（1）直接原因

① 该床上用品厂首层中部距离西墙 10m、距离北墙 9.6m 的 2m×2m 的范围内的电气线路故障短路引燃周边可燃物起火，导致火灾发生。

② 该床上用品厂屋顶使用的泡沫彩钢板和生产区域内阁楼使用木材等为可燃性建筑材料；生产区域内无序堆放大量生产原料、半成品、成品。

③ 该床上用品厂未按照规定设置消防通道。

④ 该床上用品厂生产区域和住宿区域未采用合格有效的实体防火墙进行隔离，该厂生产作业未采取基本有效的消防安全措施，火势迅速蔓延并产生大量高热有毒有害烟气，在消防疏散通道被堵塞、消防设施管理维护不善等多种不利因素下，造成了重大人员伤亡。

（2）间接原因

① 该床上用品厂没有建立消防安全管理制度，消防安全无人具体负责，未对员工进行消防安全知识培训，未开展消防安全演练，存在严重消防安全隐患；从业人员缺乏消防安全常识和扑救初期火灾的能力，致使从业人员无法及时、有效逃生；未落实安全生产责任制，未建立健全安全管理制度、安全操作规程；企业内部组织管理松散，未落实、执行安全生产责任制及安全生产规章制度，未签订劳动用工合同，未参加工伤保险。

② 该床上用品厂主体厂房未经规划、建设、消防、环保等部门审批验收，厂房内电气线路及用电设备没有专业电工维修保养，车间内存放海绵、椰棕垫及可燃杂物，不具备消防安全条件，导致电气线路起火后迅速蔓延。同时，违规擅自搭建的锌铁棚更增加了火灾负荷，严重影响了人员疏散和火灾扑救。

③ 建筑物消防安全存在"先天不足"。从起火建筑物使用情况来看，属于生产、仓储、住宿"三合一"的场所，起火建筑是违章建筑，建筑屋顶为彩钢板，内部增建阁楼为钢结构，增加火灾荷载；生产区域与居住区域未按照规定进行防火、防烟分隔。火灾发生后，大量有毒烟气封住逃生通道，并迅速扩散到居住区域，导致被困人员吸入有毒烟气，造成逃生自救困难。

④ 事故单位实际控制人刘某没有组织火灾初期扑救并逃离火灾现场，未及时向相关职能部门及现场救援人员报告火场情况，严重迟滞火灾救援进度。

⑤ 该社区股份合作经济社作为发生火灾事故地块的业主单位，对出租地块的建设采取纵容的态度，致使建设未经相关部门审批，建筑物不符合相关标准及安全生产条件；对出租地块以租代管，放纵违章；在日常对工业区的督促检查过程中，没有建立安全管理制度，没有认真落实消防管理部门的要求，未尽安全管理基本职责。没有及时上报各有关职能部门对涉事企业的违法行为进行查处，对事故的发生负有管理责任。

⑥ 该社区消防安全管理责任落实不到位。贯彻执行上级政府和有关部门关于消防安全隐患整治的工作部署不力。事故发生地位于该社区辖区内，该社区安全消防站对辖区内消防安全管理负有相应的职责，经查阅该社区安全消防站上报该镇防火办隐患排查台账及询问该社区安全消防站工作人员发现，该社区安全消防站先后两次发现事发单位在车间内违规住人、私拉乱接电线，并对其进行停电处理，要求限期整改，但后续未能采取强有力的措施跟进和督促落实整改，并且没有将违规住人的违法线索报送至相关职能部门，对事故发生负有属地监管

责任。

⑦ 该镇党委、政府负责执行党的路线、方针、政策；讨论决定本镇经济建设和社会发展的重大问题；领导镇各综合性办事机构和群团组织依照国家法律法规及各自章程充分行使职权；领导辖区社会主义民主法制建设、精神文明建设、社会治安综合治理、卫生和人口计划生育工作；负责本行政区域经济和各项社会事业的行政管理工作；负责维护社会秩序，保护公民人身、民主、财产等合法权利，保护各种经济组织的合法权益；指导、支持和帮助村（居）民委员会工作；法律规定的其他职责；承办区委、区政府和上级部门交办的其他事项。该镇党委、政府对督促辖区内社区、各职能部门落实工作不力，对事故的发生负有领导责任。

⑧ 该镇城市管理局依法对该辖区行使城乡规划管理方面法律、法规、规章规定的行政处罚权。作为负责该辖区内违法建设行为查处工作的主管部门，未能针对辖区内长期存在违法建设的实际情况，制定有针对性的治理措施、方案，缺乏切实有效的监管手段，导致区域内长期存在违法建设行为，日常监督检查不到位；对辖区内违法建设巡查不到位，对长期存在的违法建设厂房虽已经发现但未依法采取妥善措施进行处理，在自 2016 年 10 月 21 日至 2017 年 11 月 20 日长达1 年 1 个月的时间内对事故发生地违法建设的行为只立案不处罚，致使事发单位长期使用违法建设的厂房，在不具备消防安全条件的情况下从事生产经营活动，导致发生事故出现人员伤亡。其对事故的发生负有监管责任。

⑨ 该市公安局分局派出所依法对辖区内的有关单位和场所实施日常消防监督检查，落实消防安全网格化管理；按规定对辖区内的机关、团体、企业、事业单位开展消防监督抽查；按规定对辖区内居民住宅区的物业服务企业、居民委员会、村民委员会履行消防安全职责情况实施消防监督检查；对发现的消防安全违法行为按权限实施消防行政处罚；受理关于消防安全违法行为和火灾隐患的举报、投诉并依法进行查处；协助公安消防机构开展火灾事故处置、调查工作；开展消防安全宣传教育，普及消防安全知识；履行法律法规规定的其他消防安全职责。对辖区内长期达不到消防安全要求的生产经营单位没有采取切实有效的管理办法，消防管理工作不力，特别是对事发单位消防安全监管责任不落实、日常巡查走过场、对企业检查流于形式，对该社区居委会履行消防安全职责的情况了解掌握不够，督促、指导居委会履行消防安全职责不到位，工作不扎实。其对事故的发生负有监管责任。

⑩ 该区工商行政管理局负责辖区内市场主体的登记管理工作。负责权限范围内的各类企业、个体工商户、农民专业合作社和从事经营活动的单位、个人以及外国（地区）常驻机构代表等市场主体的登记注册，对其登记注册事项及经营行为进行监督管理；依法发布市场主体登记注册基础信息；依法组织查处取缔无照经营行为。作为该镇辖区内工商行政管理的主管部门，在日常监督检查工作

中，未能发现事发单位无照生产经营的行为，巡查不细致、监管不到位，对事故的发生负有监管责任。

⑪ 该镇消防办对"三合一"场所消防隐患排查和整治工作不到位。该镇消防办负责执行消防法律、法规和规章，推动落实消防安全责任制；贯彻执行上级消防工作部署，研究制定并组织落实镇消防工作措施，及时推动政府解决消防工作重大问题；统筹、指导、督促相关职能部门、村（居）开展消防工作并实施考核；落实网格化消防安全管理，管理、培训、指导镇、村（居）的防火巡查员队伍，组织开展火灾隐患排查整治；开展消防安全宣传教育，普及消防安全知识；配合、协助做好火灾等灾害事故现场处置工作；完成镇消防安全委员会日常工作。经查，镇消防办作为镇负责消防安全隐患整治和日常监督工作的主要部门，对社区的消防安全隐患整治工作的督促、指导和排查不力，未能积极督促社区安全消防站做好消防安全工作，对事故企业违规住人的消防安全隐患和督促整改不力，导致事故隐患长期存在，对事故的发生负有监管责任。

⑫ 该区公安分局防火大队作为具体承担区公安分局消防安全工作的主管部门，在贯彻落实上级文件和组织协调各部门开展消防安全隐患整治等方面工作不到位，对辖区内不具备消防安全条件从事生产经营活动的生产经营单位没有有效的管控措施，消防安全监管工作不力，导致事故隐患长期存在；对消防安全违法违规行为执法力度不够，消防宣传工作形式单一，在指导派出所开展日常消防监督检查工作方面不深入细致，对消防队伍的业务知识培训力度不够，导致基层消防执法监管人员职责不清、水平不高、能力不强。

⑬ 该镇安全生产监督管理局负责宣传和贯彻执行有关安全生产的法律、法规；负责监督检查本辖区内各生产经营单位的安全生产状况，组织安全生产大检查和专项检查，及时组织排查各类事故隐患，督促隐患单位落实整改；负责协调生产安全事故的调查处理工作，监督事故查处的落实情况；依法依规行使安全生产监察和执法工作。经查，其巡查人员未能及时发现事故企业存在的生产经营行为，未将其纳入日常监管范畴，对事故的发生负有责任。

3. 整改措施

① 强化红线意识，以实际行动把以人民为中心的发展思想和安全发展理念落到实处。该市市委书记在 11 月 20 日当晚全市安全生产与消防安全紧急会议上强调，该事故的发生，就是各级、各部门安全发展理念没有落实到位的表现。全市各级、各部门要深刻吸取事故教训，坚决贯彻党的十九大精神，严格落实中央和省关于安全生产的系列决策部署，始终坚持以人民为中心，对人民生命财产安全高度负责，紧紧扭住防范较大以上事故的牛鼻子，强化红线意识，坚守安全底线，为全市经济社会科学发展营造良好稳定的安全生产环境。

② 完善优化安全生产责任制，压紧压实监管责任。贯彻落实市委书记关于

"进一步强化运用安全生产'一票否决'制度，引起警醒、敢于担当、敢于负责"的指示精神，进一步健全完善安全生产"党政同责、一岗双责、齐抓共管、失职追责"制度体系。要严格执行市委、市政府和市安委会修订下发的《某市安全生产"一票否决"制度》，进一步强化运用"一票否决"，增强制度震慑力，促进安全监管责任进一步落实。按照市委常委会的要求，各级组织部门要到安全生产一线考察干部，培养和使用真抓实干、表现出色、贡献突出的干部，形成良好的用人导向；各级纪委要深入安全生产一线，严肃查处利用职权干预安全生产、违反规定实施行政许可等安全生产领域的违纪行为。要按照"管行业必须管安全、管业务必须管安全、管生产经营必须管安全"的要求，把消防安全管理责任落实到社区、经济社和工业区，切实消除"无人监管"的盲区和漏洞。各职能部门在履行好各自监管职责的同时，要建立健全信息互通机制，互相密切配合，形成整治合力，大力消除监管不到位的问题，杜绝类似事故的发生。

③ 吸取教训，切实提高事故信息报送和现场响应处置能力。全市各级、各部门要将该火灾事故作为一个典型案例，深刻吸取教训，切实提高应对类似事故的组织指挥和处置能力。一要强化信息报送，组织好事故信息报送和发布工作，进一步提高上报信息的准确性。二要充分考虑各类可能出现的情形，在上报的事故信息中，要进一步明确时间节点、事故处置状态、事故应急处置情况将及时续报等情形。三要坚决杜绝清点伤亡人数不及时、不全面的问题，要丰富信息收集、分析手段，加强人员排查的力度和范围，及时掌握事故信息，及时清点伤亡人数，全面还原事故全貌，准确判断事故现场形势。

④ 进一步加强落实消防安全"网格化"管理，坚决清理"三合一""多合一"场所。要进一步落实网格责任，强化工作执行，确保"网格化"管理责任清晰、运行高效、管控到位，特别是要把违规住人的小企业、小商铺，纳入网格排查和管理。要加强对基层巡查员的培训、管理，建立完善绩效考核制度，强化奖优罚劣。要认真组织开展"六类场所、十项必查"消防安全专项行动，制定今冬明春消防工作任务清单、责任分工和时序推进表，贯彻"零容忍"要求，克服检查执法"失之以软，失之以宽"的错误做法，做到顶格执法、顶格处罚、顶格问责。要重点检查督查违规住人的村级工业区、商场、专业市场等生产经营性场所，设置在居民住宅或出租屋内从事生产、储存、经营等活动的场所以及其他存在"三合一"现象的场所。要采取有力执法措施，清理搬迁违规住宿人员并依法实施惩处；要强化整治，责令"三合一""多合一"场所责任人进行整改，要采取有效的物理分隔措施，采用木龙骨石膏板、普通木质门等对经营和住宿部分做物理分隔。要加强电源、火源、气源的综合管理，加强对电线老化、乱拉私接、超负荷对电动车充电行为的清查整顿，严禁使用不符合安全标准的充电设施，实施对专业批发市场等拉闸限电措施，全力遏制火灾事故多发势头。

⑤ 坚持"疏堵结合，以疏为主"，实现查处取缔无证无照生产经营行为的良性管理。查处取缔无证无照事关经济秩序、民生需求、安全稳定、环境质量，其成因复杂、面广量大、处理困难，是一个十分典型的社会综合治理工作。各级政府要坚持"疏堵结合，以疏为主"，制定完善的专项整治方案，各级工商等职能部门要依法履职、积极作为，立足整治重大安全隐患和重大消防隐患，制定切实可行的具体方案，加大处罚力度和宣传教育工作，确保"打非治违"和清理"无照"生产、经营工作不留死角，有效缓解无证无照企业影响安全发展的问题。一要取缔一批，对存在重大消防安全隐患和违法行为，不具备消防安全条件、危害人民生命财产安全的无证无照生产经营建设行为，要坚决查处取缔，依法从严从重处罚；二要规范一批，对下岗失业人员、农村闲余人员等社会弱势群体或者生产经营范围、条件基本符合法律、法规的生产经营建设行为，要积极引导帮助其依法办理"工商营业执照"和相关手续，实现良性管理。

⑥ 坚持"严控增量，消化存量"，坚决抓好违章建筑清理整治。整治违法建筑是党委政府的基本职责，各级各部门要以对城市长远发展高度负责的态度，坚持严查严控，真拆真干，分类处理，在严控增量、消化存量上一抓到底。各区、各镇（街）要发挥主体作用，严厉打击各类建筑施工非法违法行为，严禁各类私自搭建、擅自加建等违法违规行为，把好建筑物的耐火等级、火灾危险性、防火间距、消防水源和消防通道等审核关。要落实查违共同责任，加强对违法建设的全链条监管，严厉查处为违法建筑提供施工、设计、监理、供水、供电、供混凝土、提供资金支持等违法行为。对顶风作案的新增、抢建违建要坚决依法拆除；要坚持分类分步处置，积极研究探索处置办法，加快消化历史遗留的违法建筑。

⑦ 进一步加强消防安全宣传教育。该火灾事故的发生，暴露出基层巡查人员业务能力不强、事发单位安全意识淡薄等问题。各级、各部门要加强消防巡查人员的业务培训，组织学习消防隐患整改标准，提高发现、整改消防安全隐患的能力，切实增强业务技能和业务水平。要进一步督促生产经营单位落实消防安全培训工作，促使从业人员掌握防火技能和措施，提高扑救初期火灾的能力。要大力开展消防安全培训，强化典型事故警示教育，结合消防宣传"五进"活动，普及防火灭火常识和逃生自救技能，切实提高消防安全意识。

⑧ 敢于较真、敢于碰硬，深入推进全市今冬明春安全生产大检查以及安全生产与消防安全大检查行动。安全生产必须百分百抓实，不能存在一丝一毫的松懈。要坚持出"快"招，以雷霆之势开展全市隐患排查专项行动；坚持出"实"招，以"管家"之责对生活单元、生产经营单元进行"地毯式"大排查、大整治；坚持出"狠"招，以铁的手腕推进全市各类安全措施落地到位。要建立落实安全生产和消防安全"日报"制度，使隐患排查、检查全程留痕，作为工作考核、干部使用的依据，确保大检查工作取得实实在在的成效。

第三节　工业火灾事故启示录

1. 事故教训

工业企业的建筑结构、生产工艺、生产环境、原料与产品火灾特性等，决定了其火灾事故与民用建筑火灾存在很大差异，具有突发性强、火势猛烈、蔓延迅速、易燃易爆、损失巨大等特点。工业企业具有用电量大、生产工艺复杂、维修检修多等特点，决定了工业企业火灾的原因中电气和操作不当占比较高的情况。

（1）电气故障引发火灾

工业企业的生产设备大多用电负荷大，线路敷设长，潜在危险多，加之电气设备和路线有的存在选型不合理、质量差、安装不当、检修维护不到位等问题，都会导致接触不良、过负荷和漏电等故障，引发火灾事故。工业企业生产车间内温度高、湿度大、灰尘多的环境因素，也会对电气设备、线路造成腐蚀，影响其正常运行，甚至引发火灾、爆炸事故。

（2）生产作业操作不当引发火灾

现在的工业企业生产趋于综合化、自动化、连续化，工艺程序复杂，设备操控点多，泄漏风险大。但是，在生产作业过程中，员工安全意识薄弱，往往因为图省事、方便，违反安全操作规程，现场未尽职守护，对违章操作习以为常，擅自改变操作流程，造成某一工艺环节错误或设备出现故障，导致火灾事故发生。

（3）电气焊动火违章作业引发火灾

生产设备的检修、维修工作往往都需要动用电、气焊，电、气焊作业时要求必须持证操作，配备灭火器材，在专人监护下进行，且要确保操作地点周边的易燃可燃物清理干净或进行有效防火防爆隔离。但往往由于施工方因赶工期、图方便等因素，未达到动火标准即施工作业，电、气焊产生的高温喷溅焊渣或电流经路上的漏电火花、高温引燃周围可燃物，引发火灾爆炸事故。

（4）静电火花引发火灾

静电原因在工业企业火灾原因中占比较低，但静电火灾往往与人员的操作有关，易造成人员伤亡。设备运转、液体流动、气体输送、人体运动过程中都会产生静电，一旦达到静电放电条件，静电火花会引燃周边形成的爆炸性混合气体引发事故。

2. 对策建议

（1）培育企业消防安全管理人员

消防安全责任人和管理人是企业消防工作的关键人员，要把责任人和管理人作为消防教育培训的重点对象，从根本上提高责任人的消防安全意识和管理人的管理水平，让二者在企业内发挥作用，知道该管什么、怎么管、管到什么程度，从根本上改善企业自身的消防安全状况。

（2）严格落实企业消防安全主体责任

工业企业要严格落实消防安全主体责任，切实承担起本单位的消防安全管理职责，明确消防安全责任人、管理人和归口职能管理部门，配齐消防安全管理专职、专业人员，制定符合企业自身实际的消防安全管理规章制度，定期开展消防安全检查、巡查，查排企业的火灾风险点并制定相应的应急措施；工业企业要找准自身消防安全的薄弱环节和火灾风险点，把火灾防范措施落实到具体的岗位和具体的人员上，让每个岗位都能辨识和控制火灾风险。

（3）严格规范和落实生产安全操作规程

工业企业应针对各个岗位和工艺，都制定严格的操作规程，落实岗位操作规程的监管责任人，确保每个操作规程都得到规范执行。必须严格动火作业管理，凡需要动火作业的，必须经过严格的审批流程，在安全管理人员现场检查确保符合动火作业条件后，方可组织实施；作业过程中要安排专人负责全程监护和监督，及时纠正和制止不安全行为。改进操作规程，杜绝"习惯性"违章作业现象发生。

（4）制定有针对性的事故应急处置机制

工业企业要根据不同岗位的火灾危险性，制定和完善火灾事故应急处置机制，定期组织有实战性、针对性的演练，提高企业员工的实战能力和应急处置水平。火灾应急预案必须有针对性，预案编制应责任到人。应急预案演练要从提高员工应急处置能力入手，有针对性、实战性和可操作性，提高企业自身处置事故的能力。

第五章
工业粉尘爆炸事故典型案例分析

第一节　基　础　知　识

一、粉尘爆炸基本概念

粉尘爆炸，指可燃粉尘在爆炸极限范围内，遇到引火源，火焰瞬间传播于整个粉尘云空间，化学反应速率极快，同时释放大量的热，形成很高的温度和很大的压力，系统的能量转化为机械能以及光和热的辐射，具有很强的破坏力。简言之，粉尘爆炸就是火焰在粉尘云中传播，引起压力、温度明显跃升的现象。

粉尘爆炸多发生在伴有铝粉、锌粉、铝材加工研磨粉、各种塑料粉末、有机合成药品的中间体、小麦粉、糖、木屑、染料、胶木灰、奶粉、茶叶粉末、烟草粉末、煤尘、植物纤维尘等产生的生产加工场所。

二、粉尘爆炸条件

《江苏省苏州昆山市中荣金属制品有限公司"8·2"特别重大爆炸事故调查报告》中明确指出，粉尘爆炸的五要素即粉尘爆炸的条件包括可燃粉尘、粉尘云、引火源、助燃物、空间受限（图 5-1）。

图 5-1　粉尘爆炸五要素

① 存在可燃粉尘，即存在能够与助燃气体发生氧化反应而燃烧的粉尘。

② 存在粉尘云，即可燃粉尘悬浮在空气中，且粉尘浓度处于爆炸极限之内。

③ 存在引火源，即引火源具有足够的点燃能量或具有足够的表面温度。

④ 存在助燃物，通常指具有足够的氧含量。

⑤ 空间受限，即粉尘云要处于相对封闭的空间，在此空间内粉尘云被点燃后压力和温度才能急剧升高，由燃烧转化为爆炸。

三、可燃粉尘的分类

① 粮食、农产品、食品与饲料、动物制品　例如：玉米淀粉、面粉、咖啡、蛋白粉、大米粉、茶叶、烟草、皮革、奶粉、麦乳精、明胶粉、麦芽、可可粉、黄豆粉、大米淀粉、小麦淀粉、糖粉、石松子、木薯粉、乳清粉、苜蓿粉、苹果粉、香蕉粉、甜菜根粉、胡萝卜粉、椰壳粉、棉籽、大蒜粉、面筋粉、青草粉尘、啤酒花、柠檬皮粉、柠檬浆粉、柠檬酸渣、沙棘粉、莲子粉、亚麻籽、槐树豆胶、橡子粉、橄榄核、洋葱粉、欧芹、桃、花生、土豆、丝兰花籽、玉米粉尘、谷尘、黑麦粉尘、小麦粉尘、黄豆粉尘、调味品粉、向日葵粉、西红柿粉、核桃粉、黄原胶、骨粉、血粉、玉米芯、豆粕、棕榈粕、混合饲料等。

② 木材粉尘与造纸粉尘　包括木粉（用于生产纤维素），纸粉、木材加工产生的伴生粉尘，基于木材的造粒生物燃料的碎屑等。

③ 金属粉或金属粉尘　例如：铝（合金）粉、镁（合金）粉、锆粉、钴粉、钽粉、锌粉、镍粉、铁粉、钢粉、碱金属粉、钕铁硼粉等。

④ 非金属单质　如：硫黄粉、白磷粉、红磷粉、硅、硼粉等。

⑤ 塑料、合成树脂与橡胶　如：漆粉、墨粉、粉末喷涂材料、ABS、聚乙烯、聚丙烯、聚氯乙烯、酚醛树脂、环氧树脂、橡胶、聚酰胺树脂、聚丙烯酰胺、聚丙烯腈、三聚氰胺树脂（密胺树脂）、聚丙烯酸甲酯、聚乙烯醇、聚乙烯醇缩丁醛等。

⑥ 煤炭与碳素类粉尘　如：褐煤、烟煤、无烟煤、活性炭、炭黑、焦炭、石油焦、泥炭、油页岩等。

⑦ 化学粉尘　如：除草剂、杀虫剂、医药中间体、农药中间体、抗氧化剂、缓释剂、羧甲基纤维素、甲基纤维素、己二酸、蒽醌、抗坏血酸、乙酸钙、硬脂酸钙、硬脂酸钠、硬脂酸铅、多聚甲醛、抗坏血酸钠等。

⑧ 纺织纤维　如：棉、剑麻、黄麻、亚麻、羊毛、羽绒、人造纤维（涤纶、氨纶、腈纶）等。

对于没有列出的粉尘，如果其成分均为不可燃粉尘，则不用考虑该种粉尘的粉尘爆炸风险。典型的不可燃粉尘包括：金属氧化物及其混合物（生石灰、氧化镁、氧化铝、氧化铁、高岭土、白刚玉、黄刚玉、钛白粉）、非金属氧化物（石英砂、二氧化硅）、金属氢氧化物（熟石灰、氢氧化镁、氢氧化铝）、硅酸盐（滑石粉、玻璃、石棉）、碳酸盐和碳酸氢盐（碳酸钙、碳酸钠、碳酸氢钠）、硫酸盐（硫酸钠、硫酸钙、硫酸钡）。

四、粉尘爆炸性参数

粉尘爆炸性参数是描述粉尘点燃敏感特性和爆炸破坏力的参数，包括：粉尘云爆炸下限、粉尘层最低着火温度、粉尘云最低着火温度、粉尘云最小着火能量、最大爆炸压力、最大压力上升速率、爆炸指数、极限氧浓度和电阻率等。

严格意义上讲，电阻率不是爆炸性参数，但它影响静电积聚，电阻率与最小着火能量一起可用于评估静电点燃风险。

（1）爆炸下限

粉尘浓度处于一定的范围以内时，粉尘云才会发生爆炸。当粉尘浓度太低时，粉尘燃烧放出的热量不足以维持火焰传播。当粉尘浓度过高时，粉尘过量，燃烧释放的热量被过量的粉尘吸收而不能维持火焰传播。这两个浓度分别对应爆炸下限（LEL）和爆炸上限（UEL）。

粉尘云的爆炸下限是指粉尘云在给定能量点火源作用下，能发生自持燃烧的最低浓度。爆炸下限反映了粉尘爆炸的最低粉尘浓度，因此也称最小可爆浓度（MEC）。

通过控制粉尘浓度在爆炸下限以下可以有效防止发生粉尘爆炸。当采用控制粉尘云浓度的方法防爆时，考虑安全裕量，一般要求粉尘浓度应低于爆炸下限的 25%。

粉尘云爆炸下限也是进行粉尘爆炸危险区域划分的依据。如果某区域的最大预期粉尘浓度不超过粉尘的爆炸下限，则该区域为"非粉尘爆炸危险区域"。

（2）粉尘最低着火温度

粉尘最低着火温度（MIT）包括粉尘层最低着火温度（MITL）和粉尘云最低着火温度（MITC）。粉尘最低着火温度从温度的角度反映粉尘被点燃的敏感程度，一般适用于评价热表面点燃。粉尘最低着火温度是防爆电气设备选型的重要依据。

粉尘层最低着火温度是指粉尘层在热表面上受热时，使粉尘层的温度发生突变（即被点燃）的最低热表面温度。粉尘层着火温度反映了粉尘在堆积状态时对点燃的敏感程度。

粉尘云最低着火温度是在粉尘云（粉尘和空气的混合物）受热时，能使粉尘云内发生火焰传播的最低热表面温度。粉尘云着火温度反映了粉尘在悬浮状态时对点燃的敏感程度。

粉尘最低着火温度综合考虑了粉尘层最低着火温度和粉尘云最低着火温度，并留出了安全裕量。

（3）粉尘云最小着火能量

粉尘云最小着火能量（MIE）是粉尘云中可燃粉尘处于最容易着火的浓度时，使粉尘云着火的点火源能量的最小值。粉尘云最小着火能量也称为最小点火能或最小点火能量。

粉尘云最小着火能量从能量的角度反映粉尘点燃的敏感程度，可用于评价机械火花、静电放电等非热表面点燃源的危险性（表 5-1）。粉尘云最小着火能量是选用防爆方法的依据。

表 5-1　最小着火能量分级参考

MIE 范围	级别	防爆方法
MIE＞100mJ	不易燃	金属部件接地
30mJ≤MIE＜100mJ	比较难燃	人体可不接地,不用考虑料堆放电
10mJ≤MIE＜30mJ	比较易燃	人体应接地(穿防静电服,通过防静电地板接地),应考虑料堆放电
3mJ≤MIE＜10mJ	易燃	很难通过防止点燃源的方法防爆,宜进行惰化,应采用防静电滤袋
MIE＜3mJ	极易点燃	应考虑刷形放电,不应使用绝缘材料

（4）最大爆炸压力和爆炸指数

最大爆炸压力 p_{max} 及爆炸指数 K_{st} 是反映爆炸猛烈程度的重要参数，用于爆炸泄压设计、爆炸抑制和爆炸封闭设计。最大压力上升速率为粉尘爆炸产生最大爆炸压力时的压力-时间上升曲线的斜率的最大值。

爆炸指数为最大压力上升速率乘以爆炸测试容器容积的立方根：

$$K_{st} = \left(\frac{dp}{dt} \right)_{max} V^{\frac{1}{3}}$$

式中，V 为爆炸容器容积，m^3。

爆炸指数反映了最大压力上升速率和粉尘云中的火焰传播速度，用于对爆炸猛烈程度进行分级：

St_1：$K_{st}＜20MPa \cdot m/s$

St_2：$20MPa \cdot m/s ≤ K_{st} ≤ 30MPa \cdot m/s$

St_3：$K_{st}＞30MPa \cdot m/s$

（5）极限氧浓度

当氧浓度降低到一定程度的时候，无论粉尘浓度怎样变化，粉尘云都不会发生爆炸。极限氧浓度 LOC 是能使粉尘云着火的气体混合物中氧气含量的最小体积百分数。

极限氧浓度是进行气氛惰化的重要参数。在实际的惰化设计中，考虑安全裕量，空气中最大允许氧含量应低于极限氧浓度 2%～3%。

五、粉尘爆炸主要预防和控制措施

1. 粉尘爆炸预防措施

（1）控制工艺参数

① 采用火灾爆炸危险性低的工艺和物料　例如：以不燃或难燃粉体材料取代可燃粉体材料。

② 工艺过程中的投料控制　例如：控制工艺投料量，防止反应失控；控制生产现场易燃易爆物品存放量，实行按用量领料、限制领用量、分批领料、剩余退库；对于放热反应工艺，应保持适当和均衡的投料速度，加热速度不能超过设备传热能力，以避免引起温度急剧升高进而导致爆炸事故发生；应严格控制反应物料配比，尤其是对反应速率影响很大的催化剂，如果多加可能发生危险。

③ 温度控制　不同的化学反应都有其最适宜的反应温度，正确控制反应温度不但对保证产品质量、降低消耗有重要意义，而且是防爆所必须进行的控制。温度过高，可能引起剧烈的反应而发生冲料或爆炸。温度的控制可以根据不同的生产工艺采取控制反应热量、防止搅拌中断而导致的局部热量积蓄，正确选择传热介质，避免急速的直接加热方式。

④ 防止物料漏失　在生产、输送、储存易燃物料过程中，物料的跑、冒、滴、漏往往会导致可燃粉尘在环境中的扩散，这是造成爆炸事故的重要原因之一，如操作不精心造成的槽满跑料、设备管线和机泵结合面不紧、设备管线被腐蚀等。

（2）防止形成爆炸性混合物

① 加强密闭　为防止可燃粉尘与空气形成爆炸性混合物，应设法使生产设备和容器密闭；对于压力设备，更应注意密闭性，以防止粉尘逸出与空气混合形成爆炸性混合物；对于真空设备，应防止空气流入其内部达到爆炸浓度；为保证设备的密闭性，对危险设备及系统应尽量少用法兰连接；加压或减压设备，在投产前和运行过程中应定期检查密闭性和耐压程度；接触氧化剂如高锰酸钾、氯酸钾、漂白粉等粉尘生产的传动装置部分的密闭性能必须良好，转动轴密封不严密会使粉尘与润滑油等油类接触氧化，要定期清洗传动装置，及时更换润滑剂，应防止粉尘漏进变速箱中与润滑油相混，避免由于蜗轮、蜗杆的摩擦发热而导致爆炸事故。

② 通风排气　生产过程中，要保证设备完全密封有时是很难办到的，总会有一些可燃粉尘从设备系统中泄漏出来。因此，必须采取其他安全措施，使可燃物的含量降低，也就是说要保证易燃易爆物质在厂房生产环境里不超过最高容许浓度，通风排气是其中的重要措施之一。对通风排气的要求，主要依据两点考

虑：一是当泄漏物质仅是易燃易爆物质，在车间内的容许浓度根据爆炸极限而定，一般应低于爆炸下限的 1/4；二是对于既易燃易爆又具有毒性的物质，应考虑到有人操作的场所，其容许浓度只能从毒性的最高容许浓度来决定，因为一般情况下毒物的最高容许浓度比爆炸下限还要低得多。

③ 惰化防爆　惰化防爆是一种通过控制可燃混合物中氧气的浓度来防止爆炸的技术。向可燃粉尘与空气混合物中加入一定的惰化介质，使混合物中的氧浓度低于其发生爆炸所允许的最大含量，避免发生爆炸。根据惰化介质的作用机理，可将其分为降温缓燃型惰化介质和化学抑制型隋化介质。降温缓燃型惰化介质不参与燃烧反应，作用是吸收燃烧反应热的一部分，从而使反应温度急剧降低，当温度降至维持燃烧所需极限温度以下时，反应停止。降温缓燃型惰化介质主要有氩气、氦气、氮气、二氧化碳、水蒸气等。化学抑制型惰化介质是利用其分子或分解产物与燃烧反应活化基团（原子态氢和氧）及中间游离基团发生反应，使之转化为稳定化合物，从而导致燃烧过程连锁反应中断，使燃烧反应传播停止。化学抑制型惰化介质主要有卤代烃、卤素衍生物、碱金属盐类以及铵盐类化学干粉等。

（3）隔离储存

性质相互抵触的危险物质如果储存不当，往往会酿成严重的事故。例如：无机酸本身不可燃，但与可燃物质相遇能引起着火或爆炸；氯酸盐与可燃的金属相混时能使金属着火或爆炸；松节油、磷及金属粉末在卤素中能自行着火等。各种危险物质的性质不同，其储存条件也不相同。

（4）控制点火源

在工业生产过程中，存在着多种引起火灾爆炸事故的火源，如明火、高温表面、摩擦与撞击火花、绝热压缩、自燃发热、电气火花、静电火花、雷击等，对于这些点火源，在有火灾爆炸危险的场所都应引起充分注意并采取严格的防火措施。

（5）监控报警

爆炸事故预防检测控制系统是预防爆炸事故的重要设施之一，包括信号报警系统、安全联锁装置和保险装置等。生产中安装信号报警装置是用以出现危险状况时发出警告，以便及时采取措施消除隐患。在信号报警系统中，发出的信号常以声、光、数字显示。当检测仪表测定的温度、压力、浓度等超过控制指标时，警报系统即发出报警信号。安全联锁是将检测仪器和生产设施按照预先设定的参数和程序连接起来；当检测出的参数超过额定范围时，生产设施就自动停止作业程序，达到安全生产的目的。当信号装置指示出已经发生异常情况或故障时，保险装置自动采取措施消除不正常状况和扑救危险状态。在爆炸事故的监控系统中，监测系统相对来说具有共性；而安全联锁装置与保险装置则与生产设施紧密相连具有个性。

2. 粉尘爆炸控制措施

（1）泄爆

围包体内发生爆炸时，在爆炸压力达到围包体的极限强度之前，使爆炸产生的高温、高压燃烧产物和未燃烧物通过围包体上预先设置的薄弱部位向无危险方向泄出，使围包体不致被破坏的控爆技术。

（2）抑爆

爆炸初始阶段，通过物理化学作用扑灭火焰，使未爆炸的粉尘不再参与爆炸的控爆技术。

（3）隔爆

爆炸发生后，通过物理化学作用扑灭火焰，阻止爆炸传播，将爆炸阻隔在一定范围内的技术。

（4）抗爆

有可燃性粉尘和气态氧化剂或空气存在的围包体内发生爆炸时，围包体能够承受其最大爆炸压力，使围包体不致被破坏的控爆技术。

第二节　典型案例分析

◤ [案例一]　某金属制品公司金属粉尘爆炸事故

1. 事故概况

2014 年 8 月 2 日 7 时 34 分，位于某省某市的县级市经济技术开发区的某金属制品有限公司抛光二车间（即 4 号厂房，以下简称事故车间）发生特别重大铝粉尘爆炸事故，当天造成 75 人死亡、185 人受伤。依照《生产安全事故报告和调查处理条例》（国务院令第 493 号）规定的事故发生后 30 日报告期，共有 97 人死亡、163 人受伤（事故报告期后，经全力抢救医治无效陆续死亡 49 人，尚有 95 名伤员在医院治疗，病情基本稳定），直接经济损失 3.51 亿元。

该公司成立于 1998 年 8 月，法人代表为吴某，总经理为林某，注册资本 880 万美元，总用地面积 34974.8m²，规划总建筑面积 33746.6m²，员工总数 527 人。该企业主要从事汽车零配件等五金件金属表面处理加工，主要生产工序是轮毂打磨、抛光、电镀等，设计年生产能力 50 万件，2013 年主营业务收入 1.65 亿元。该公司于 1998 年 8 月取得土地使用权和企业法人营业执照。同年 9 月开始一期建设（电镀车间、前处理车间、宿舍）。2002 年 5 月进行二期建设（2 个抛铜车间）。2004 年 6 月开始三期建设（4 个厂房、办公楼及毛坯检验区），其中 4 号厂房为本次事故厂房，该厂房由该省某市建筑设计研究院设计，该省某县建筑安装工程公司承建，2005 年投入使用。

事故车间位于整个厂区的西南角，建筑面积 2145m²，厂房南北长 44.24m、东西宽 24.24m，两层钢筋混凝土框架结构，层高 4.5m，每层分 3 跨，每跨 8m。屋顶为钢梁和彩钢板，四周墙体为砖墙。厂房南北两端各设置一部载重 2t 的货梯和连接二层的敞开式楼梯，每层北端设有男女卫生间，其余为生产区。一层设有通向室外的钢板推拉门（4m×4m）2 个，地面为水泥地面；二层楼面为钢筋混凝土。事故车间为铝合金汽车轮毂打磨车间，共设计 32 条生产线，一、二层各 16 条，每条生产线设有 12 个工位，沿车间横向布置，总工位数 384 个。该车间生产工艺设计、布局与设备选型均由林某（总经理）自己完成。事故发生时，一层实际有生产线 13 条，二层 16 条，实际总工位数 348 个。打磨抛光均为人工作业，工具为手持式电动磨枪（根据不同光洁度要求，使用粗细不同规格的磨头或砂纸）。2006 年 3 月，该车间一、二层共建设安装 8 套除尘系统。每个工位设置有吸尘罩，每 4 条生产线 48 个工位合用 1 套除尘系统，除尘器为机械振打袋式除尘器。2012 年改造后，8 套除尘系统的室外排放管全部连通，由一个主排放管排出。事故车间除尘设备与收尘管道、手动工具插座及其配电箱均未按规定采取接地措施。除尘系统由某机电环保设备有限公司总承包（设计、设备制造、施工安装及后续改造）。

事故车间工作时间为早 7 时至晚 7 时，截至 2014 年 7 月 31 日，车间在册员工 250 人。事故发生时现场共有员工 265 人，其中车间打卡上班员工 261 人（含新入职人员 12 人）、本车间经理 1 人、临时到该车间工作人员 3 人。2014 年 8 月 2 日 7 时，事故车间员工上班。7 时 10 分，除尘风机开启，员工开始作业。7 时 34 分，1 号除尘器发生爆炸。爆炸冲击波沿除尘管道向车间传播，扬起的除尘系统内和车间集聚的铝粉尘发生系列爆炸。当场造成 47 人死亡，当天经送医院抢救无效死亡 28 人，185 人受伤，事故车间和车间内的生产设备被损毁。

2. 事故原因

（1）直接原因

事故车间除尘系统较长时间未按规定清理，铝粉尘集聚。除尘系统风机开启后，打磨过程产生的高温颗粒在集尘桶上方形成粉尘云。1 号除尘器集尘桶锈蚀破损，桶内铝粉受潮，发生氧化放热反应，达到粉尘云的引燃温度，引发除尘系统及车间的系列爆炸。

因没有泄爆装置，爆炸产生的高温气体和燃烧物瞬间经除尘管道从各吸尘口喷出，导致全车间所有工位操作人员直接受到爆炸冲击，造成群死群伤。

（2）间接原因

1）该公司无视国家法律，违法违规组织项目建设和生产，是事故发生的主要原因。

①厂房设计与生产工艺布局违法违规

事故车间厂房原设计建设为戊类，而实际使用应为乙类，导致一层原设计泄爆面积不足，疏散楼梯未采用封闭楼梯间，贯通上下两层。事故车间生产工艺及布局未按规定规范设计，是由林某根据自己经验非规范设计的。生产线布置过密，作业工位排列拥挤，在每层 1072.5m^2 车间内设置了 16 条生产线，在 13m 长的生产线上布置有 12 个工位，人员密集，有的生产线之间员工背靠背间距不到 1m，且通道中放置了轮毂，造成疏散通道不畅通，加重了人员伤害。

②除尘系统设计、制造、安装、改造违规

事故车间除尘系统改造委托无设计安装资质的某机电环保设备公司设计、制造、施工安装。除尘器本体及管道未设置导除静电的接地装置，未按《粉尘爆炸泄压指南》（GB/T 15605—2008）要求设置泄爆装置，集尘器未设置防水防潮设施，集尘桶底部破损后未及时修复，外部潮湿空气渗入集尘桶内，造成铝粉受潮，产生氧化放热反应。

③车间铝粉尘集聚严重

事故现场吸尘罩大小为 $500\text{mm}\times200\text{mm}$，轮毂中心距离吸尘罩 500mm，每个吸尘罩的风量为 $600\text{m}^3/\text{h}$，每套除尘系统总风量为 $28800\text{m}^3/\text{h}$，支管内平均风速为 20.8m/s。按照《铝镁粉加工粉尘防爆安全规程》（GB 17269—2003）规定的 23m/s 支管平均风速计算，该总风量应达到 $31850\text{m}^3/\text{h}$，原始设计差额为 9.6%。因此，现场除尘系统吸风量不足，不能满足工位粉尘捕集要求，不能有效抽出除尘管道内粉尘。同时，企业未按规定及时清理粉尘，造成除尘管道内和作业现场残留铝粉尘多，加大了爆炸威力。

④安全生产管理混乱

该公司安全生产规章制度不健全、不规范，盲目组织生产，未建立岗位安全操作规程，现有的规章制度未落实到车间、班组。未建立隐患排查治理制度，无隐患排查治理台账。风险辨识不全面，对铝粉尘爆炸危险未进行辨识，缺乏预防措施。未开展粉尘爆炸专项教育培训和新员工三级安全培训，安全生产教育培训责任不落实，造成员工对铝粉尘存在爆炸危险没有认知。

⑤安全防护措施不落实

事故车间电气设施设备不符合《爆炸危险环境电力装置设计规范》（GB 50058—2014）规定，均不防爆，电缆、电线敷设方式违规，电气设备的金属外壳未做可靠接地。现场作业人员密集，岗位粉尘防护措施不完善，未按规定配备防静电工装等劳动保护用品，进一步加重了人员伤害。

2）该市、县级市和该开发区安全生产红线意识不强，对安全生产工作重视不够，是事故发生的重要原因。

① 该开发区不重视安全生产，属地监管责任不落实，对该公司无视员工安全与健康、违反国家安全生产法律法规的行为打击治理严重不力，没有落实安全生产责任制，没有专门的安全监管机构，对安全监管职责不清、人员不足、执法不落实等问题未予以重视和解决，落实国务院安委办部署的铝镁制品机加工企业安全生产专项治理工作不认真、不彻底；未能吸取辖区内曾发生的多起金属粉尘燃爆事故教训，未能举一反三组织全面排查、消除隐患。

② 该县级市忽视安全生产，安全生产责任制不落实，对区镇和部门安全生产考核工作流于形式，组织安全检查、隐患排查治理不深入、不彻底，未认真落实国务院安委办部署的铝镁制品机加工企业安全生产专项治理工作；对所属区镇和部门在行政审批、监督检查方面存在的问题失察；未能吸取辖区内发生的多起金属粉尘燃爆事故教训，未能举一反三组织全面排查，消除隐患。

③ 该市对安全生产工作重视不够，贯彻落实国家和该省安全生产工作部署要求不认真、不扎实，对国务院安委办要求开展的铝镁制品机加工企业安全生产专项治理工作部署不明确、督促检查不到位，对安全监管部门未及时开展专项治理工作失察。对该县级市开展安全生产检查情况督促检查不力，未按要求检查隐患排查治理体系建设工作落实情况。

3）负有安全生产监督管理责任的有关部门未认真履行职责，审批把关不严，监督检查不到位，专项治理工作不深入、不落实，是事故发生的重要原因。

① 安全监管部门

该开发区经济发展和环境保护局（下设安全生产科）履行安全生产监管职责不到位，安全培训把关不严，专项检查不落实。工贸企业安全隐患排查治理工作不力，铝镁制品机加工企业安全生产专项治理工作落实不到位，对辖区涉及铝镁粉尘企业数量、安全生产基本现状等底数不清、情况不明，未能认真吸取辖区内发生的多起金属粉尘燃爆事故教训并重点防范。对该公司安全管理、从业人员安全教育、隐患排查治理及应急管理等监管不力，未能及时发现和纠正该公司粉尘长期超标问题，未督促该企业对重大事故隐患进行整改消除，对该公司长期存在的事故隐患和安全管理混乱问题失察。

该县级市安全监管局铝镁制品机加工企业安全生产专项治理工作不深入、不彻底，未按照该省相关要求对本地区存在铝镁粉尘爆炸危险的工贸企业进行调查并摸清基本情况，未对各区（镇）铝镁制品机加工企业统计情况进行核实，致使该公司未被列入铝镁制品机加工厂企业名单、未按要求开展专项治理。安全生产检查工作流于形式，多次对该公司进行安全检查均未能发现该公司长期存在粉尘超标可能引起爆炸的重大隐患，对该公司长期存在的事故隐患和安全管理混乱问题失察。对辖区内区（镇）安全监管部门未认真履行监管职责的问题失察，对该开发区发生的多起金属粉尘燃爆事故失察，未认真吸取事故教训并重点防范。

该市安全监管局未按要求及时开展铝镁制品机加工企业安全生产专项治理，未制定专项治理方案，工作落实不到位，对各县区落实情况不掌握。督促各县区开展冶金等工商贸行业企业粉尘爆炸事故防范工作不认真、不扎实，指导检查不到位。

该省安全监管局督促指导该市、县级市铝镁制品机加工企业安全生产专项治理工作不到位，没有按照要求督促、指导冶金等工商贸行业企业全面开展粉尘爆炸隐患排查治理工作。

② 公安消防部门

该县级市公安消防大队在该公司事故车间建筑工程消防设计审核、验收中未按照《建筑设计防火规范》（GB 50016—2014）发现并纠正设计部门错误认定火灾危险等级的问题，简化审核、验收程序不严格。对该公司日常监管不到位，未对该公司进行检查。对该省公安厅消防局 2013 年部署的非法建筑消防安全专项整治工作落实不力，未排查出该公司存在的问题。

该市公安消防支队未落实该省公安厅消防局关于内部审核、验收审批的有关要求，未能及时发现和纠正该县级市消防大队在建筑消防设计审核、验收和日常监管工作中存在的问题，对县级市公安消防大队消防监管责任不落实等问题失察。监督指导县级市公安消防大队开展非法建筑消防安全专项整治工作不力。

③ 环境保护部门

该开发区经济发展和环境保护局环境影响评价工作不落实，未发现和纠正该公司事故车间未按规定履行环境影响评价程序即开工建设、未按规定履行环保竣工验收程序即投产运行等问题。对该公司事故车间除尘系统技术改造未进行竣工验收、除尘系统设施设备不符合相关技术标准即投入运行等问题，监督检查不到位，未及时向上级环境保护部门报告组织验收，也未督促企业落实整改措施。对该公司事故车间的粉尘排放情况疏于检查，未对除尘设施设备是否符合相关技术标准及其运行情况进行检查。

县级市环境保护局未发现并纠正该公司事故车间未按规定履行环境影响评价程序即开工建设、未按规定履行环保竣工验收程序即投产运行等问题。未履行环境保护设施竣工验收职责，未按规定对该公司新增两条表面处理轮圈生产线建设项目环保设施即除尘系统技术改造组织竣工验收。未按要求对被列为重点污染源的该公司除尘设施设备的运行及达标情况、铝粉尘排放情况进行检查监测。对该开发区环保工作监督检查不到位。

该市环境保护局未按规定对该公司新增两条表面处理轮圈生产线建设项目环保设施组织竣工验收，对被列为市级重点污染源的该公司铝粉尘排放情况抽查、检查不到位，对该县级市环保工作监督检查不到位。

④ 住房城乡建设部门

该开发区规划建设局对所属的图审公司开发区办公室审查程序不规范、审查质量存在缺陷等问题失察，未按照《建筑设计防火规范》（GB 50016—2014）将厂房火灾危险类别核准为乙类，而是核准为戊类，审查把关不严。

该县级市住房城乡建设局质量监督站在该公司事故车间竣工验收备案环节不认真履行职责，在备案前置条件不符合有关规定的情况下违规备案。

该县级市住房城乡建设局对下属单位工程建设项目审批工作监督指导不力，对该公司工程建设项目审查环节把关不严、违规备案等问题失察。

4）该省某市建筑设计研究院、某工业大学、某环境检测技术有限公司和某机电环保设备有限公司等单位，违法违规进行建筑设计、安全评价、粉尘检测、除尘系统改造，对事故发生负有重要责任。

该省某市建筑设计研究院在未认真了解各种金属粉尘危险性的情况下，仅凭该公司提供的"金属制品打磨车间"的厂房用途，违规将车间火灾危险性类别定义为戊类。

某工业大学出具的《某金属制品有限公司剧毒品使用、储存装置安全现状评价报告》，在安全管理和安全检测表方面存在内容与实际不符问题，且未能发现企业主要负责人无安全生产资格证书和一线生产工人无职业健康检测表等事实。

该环境检测技术有限公司未按照《工作场所空气中有害物质监测的采样规范》（GBZ 159—2004）要求，未在正常生产状态下对生产车间抛光岗位粉尘浓度进行检测即出具监测报告。

该机电环保设备有限公司无设计和总承包资质，违规为该公司设计、制造、施工改造除尘系统，且除尘系统管道和除尘器均未设置泄爆口，未设置导除静电的接地装置，吸尘罩小、罩口多，通风除尘效果差。

3. 整改措施

（1）严格落实企业主体责任，加强现场安全管理

各类粉尘爆炸危险企业不分内外资、不分所有制、不分中央地方、不分规模大小，必须遵守国家法律法规，把保护职工的生命安全与健康放在首位，坚决不能以牺牲职工的生命和健康为代价换取经济效益。必须坚决贯彻执行《安全生产法》和粉尘爆炸有关规定，认真开展隐患排查治理和自查自改，要按标准规范设计、安装、维护和使用通风除尘系统，除尘系统必须配备泄爆装置，一定要切记加强定时规范清理粉尘，使用防爆电气设备，落实防雷、防静电等技术措施，配

备铝镁等金属粉尘生产、收集、储存防水防潮设施，加强对粉尘爆炸危险性的辨识和对职工粉尘防爆等安全知识的教育培训，建立健全粉尘防爆规章制度，严格执行安全操作规程和劳动防护制度。

（2）加大政府监管力度，强化开发区安全监管

各地区特别是该省、该市、县级市都要深刻吸取事故教训，认真落实党的十八届四中全会关于全面推进依法治国的决定要求，强化依法治安，建立健全"党政同责、一岗双责、齐抓共管"的安全生产责任体系，落实安全发展，坚持安全第一，切实解决好安全生产在地方经济建设和社会发展中的"摆位"问题，坚守安全生产"红线"。招商引资、上项目要严把安全生产关，对达不到安全条件的企业，坚决淘汰退出；要严厉打击企业非法违法行为，保护员工健康与安全；要切实理顺开发区安全监管体制，建立健全安全监管机构，加强基层执法力量；要切实解决对开发区安全生产违法违规企业放松监管、大开绿灯、听之任之的问题，严防安全监管"盲区"。要提高安全监管人员的专业素质，提高履职能力，加强企业承担社会责任制度建设，研究探索政府购买服务的方式，引入和培育第三方专业安全管理力量，指导企业加强安全管理，帮助基层和企业解决安全生产难题。

（3）落实部门监管职责，严格行政许可审批

各地区特别是该省、该市、县级市各有关部门要按照"管行业必须管安全"的要求，认真履行职责，把好准入和监督关。安全监管部门要准确掌握存在粉尘爆炸危险企业的底数和情况；加强安全培训工作，认真落实专项治理和检查，严格执法，监督企业及时消除隐患。公安消防部门要在消防设计审核、消防验收中依法依规核定厂房的火灾危险性分类，依法对易燃易爆企业开展消防监督检查，督促企业落实消防安全主体责任，坚决依法查处火灾隐患和消防违法行为。环境保护部门要严格落实环境影响评价各项工作要求，严把除尘系统项目技术标准和竣工验收关，加强对粉尘排放情况的检查监测。住房城乡建设部门要规范厂房建设项目审查程序，严格审批和备案。有关部门要加强对中介机构的监管，确保中介机构合法合规地开展建设项目设计、安全评价、环境检测等业务，对弄虚作假和违法违规行为坚决查处，发挥好中介机构的支撑作用。

（4）深刻吸取事故教训，强化粉尘防爆专项整治

各地区特别是该省、该市、县级市及其有关部门要认真开展粉尘防爆专项整治工作，对辖区内存在粉尘爆炸危险的企业进行全面排查，摸清企业基本情况，建立基础台账，将粉尘爆炸相关规定宣贯到每个企业。要与"六打六治"打非治违专项行动紧密结合，借助专业力量，采取"四不两直"的方式深入企业检查，重点查厂房、防尘、防火、防水、管理制度和泄爆装置、防静电措施等内容，及时消除安全隐患，确保专项治理取得实效。对违法违规和不落实整改措施的企业要列入"黑名单"并向社会公开曝光，严格落实停产整顿、关闭取缔、上限处罚

和严厉追责的"四个一律"执法措施，集中处罚一批、停产一批、取缔一批典型非法违法企业。

（5）加强粉尘爆炸机理研究，完善安全标准规范

学习借鉴国外先进方法，建立粉尘特性参数数据库，为修订不同类型可燃性粉尘安全技术标准、粉尘爆炸预防提供科学依据；加强与国际劳工组织及发达国家相关研究机构交流，制定出台《铝镁制品机械加工粉尘防爆安全技术规范》等标准规范；加强对可燃性粉尘企业生产工艺、安全生产条件、安全监管等基础情况的调查研究，建立可燃性粉尘重点监管目录，提出涉及可燃性粉尘企业安全设施技术指导意见；推广采用湿法除尘工艺和机械自动化抛光技术，提高企业本质安全水平，有效预防和坚决遏制重特大粉尘爆炸事故发生。

［案例二］　某人造板公司木粉爆炸事故

1. 事故概况

2015 年 1 月 31 日 6 时 8 分，某省某市一人造板有限公司发生粉尘爆炸事故，引发火灾。截至 2 月 4 日，已造成 6 人死亡、3 人受伤，生产车间厂房严重损毁。该事故企业成立于 1999 年，现有员工 360 人，主要从事中密度纤维板的生产和销售，其成品车间主要工艺为砂光、分等、入库。该公司生产纤维板的砂光（打磨）工艺所产生的木纤维粉尘为可燃性粉尘。事故发生时中密度板生产线主车间 24 名员工上班，车间外布袋除尘器发生爆炸，厂房外部的收尘管道被炸断，厂房内成品与制板车间的防火隔墙上部坍塌，纤维料仓爆炸，制板车间的预压、输送及后处理工段上方大部分屋顶发生坍塌，燃爆后的火源引燃车间及成品库。

2. 事故原因

（1）直接原因

砂光机工作时产生的火花导致收尘管道内沉积粉尘发热燃烧，通过除尘管道引发布袋除尘器中的木粉发生爆炸，除尘器爆炸产生的爆轰冲击波随除尘系统管道进入砂光车间，引起车间内粉尘二次爆炸，导致厂房屋顶局部坍塌。

（2）间接原因

① 事故企业未吸取教训，无视粉尘爆炸有关规定，冒险生产，违规作业，酿成事故。

② 事故企业主体责任不落实，安全管理不到位，没有按要求及时清理粉尘，除尘系统没有可靠的泄爆装置，防火、防爆措施不落实，事故隐患十分突出。

③ 有关地方安全监管部门虽排查出该企业为粉尘涉爆企业，但安全监管责任不落实，开展粉尘防爆专项整治走形式、走过场，未能及时查处非法违法生产作业情况。

3. 整改措施

（1）持续深化粉尘防爆专项整治

各地区要按照《国务院安委会办公室关于深刻吸收某省某市特别重大事故教训深入开展安全生产专项整治的紧急通知》（安委办明电〔2014〕19号）和《国务院安委会办公室关于落实某省某市某金属制品有限公司特别重大爆炸事故调查报告有关整改措施的通知》（安委办函〔2015〕4号）的要求，持续深化粉尘防爆专项整治，进一步排查粉尘涉爆企业底数，做到一企一档。各省级安全监管局要制定粉尘涉爆企业专项检查表，指导所属地区开展执法检查，重点检查企业在厂房、防尘、防火、防水、管理制度和泄爆装置、防静电措施等方面存在的隐患和问题。对类似某市某金属制品有限公司生产工艺、未安装泄爆装置的企业要逐一进行排查，采取停产整顿措施，安全技术改造前不得复产。

（2）严格落实企业主体责任

要督促有关企业坚决贯彻落实有关规定，对照相关法规、标准要求，建立健全粉尘防爆规章制度，严格执行安全操作规程和劳动防护制度，指导规范粉尘涉爆企业制定隐患排查清单，做好隐患自查自改，确保安全生产。

（3）强化宣教培训，夯实基层基础工作

各省级安全监管局要加强对市、县级安全监管部门特别是基层监管人员和有关企业负责人的粉尘防爆安全培训。监督各相关企业落实粉尘防爆培训主体责任，做好从业人员粉尘防爆安全培训。加大对基层部门和企业宣传贯彻粉尘爆炸有关规定的监督检查力度，对因宣贯不力导致重大隐患得不到及时整改甚至发生事故的，要严肃查处。

（4）进一步加强安全监管，强化事故责任追究

各省级安全监管局要进一步落实监管责任，强化监督检查，大力推动企业落实安全生产主体责任。对于底数不清、没有建立健全粉尘涉爆企业档案的各所属地区要通报批评，立即整改完善；对于发生同类事故的地区要依法严肃追究相关企业、部门的责任；凡发生较大以上粉尘爆炸事故的，必须及时将事故调查报告向社会公告，接受社会监督；有关地区可根据情况，将本行政区域内发生的粉尘爆炸事故提级调查，挂牌督办，强化责任追究力度。

［案例三］　某淀粉加工企业淀粉爆炸事故

1. 事故概况

2010年2月24日15时58分，某淀粉股份有限公司淀粉四车间发生淀粉粉尘爆炸事故。事故发生时，现场共有107人。事故导致21人死亡（事发时死亡19人）、47人受伤（其中6人重伤），直接经济损失1773万元。该公司是农业产业化国家重点龙头企业，中国淀粉糖行业前20强企业、中国食品行业百强企业，

是全国淀粉及淀粉糖行业中综合生产能力最大、经济效益最好的重点骨干企业之一。现有员工 3330 人，总资产 10 亿元。公司主要以玉米为原料进行深加工，加工能力为 100 万吨/年。拥有 4 个淀粉生产车间，年总产 60 万吨；3 个葡萄糖车间，年总产 22 万吨；1 个山梨醇车间，年总产 7 万吨；1 个麦芽糊精车间，年总产 5 万吨；1 个饲料车间，年总产 10 万吨；1 个热电联产电厂，年发电 1.8 亿千瓦时；1 座污水处理厂，日处理污水 1.2 万吨。公司主副产品广泛应用于医药、食品、化工、纺织、造纸、禽畜养殖等多个行业。事故厂房 2000 年建成，原设计功能为仓库。2008 年将部分仓库改建为包装间。

该起事故发生经过如下：2010 年 2 月 23 日 20 时至 24 日 8 时，淀粉四车间 6 号振动筛工作不正常、下料慢，怀疑筛网堵塞。24 日凌晨，淀粉四车间工人曾某进行了清理。24 日 9 时，淀粉二车间派人清理三层平台（标高 5.2m 平台）和振动筛淀粉。11 时左右恢复生产，11 时 40 分左右，5 号、6 号振动筛再次堵塞。13 时 30 分左右，淀粉二车间开始维修振动筛。同时应淀粉二车间要求，淀粉四车间派 4 名工人到批号间与配电室房顶帮助清理淀粉。24 日 15 时 58 分左右，5 号振动筛修理完成，开始清理和维修 6 号振动筛，此时发生了爆炸事故。事故造成淀粉四车间的包装间北墙和仓库南、北、东三面围墙倒塌。仓库西端的房顶坍塌（约占仓库房顶的 1/3）。淀粉四车间干燥车间和南侧毗邻糖三库房部分玻璃窗被震碎，窗框移位。四车间内的部分生产设备严重受损。厂房北侧两辆集装箱车和厂房南部的一辆集装箱车被砸毁。事故发生后，事故现场人员立即向公司应急救援指挥部相关人员、县人民医院、县中医院和消防队报警。该公司主要负责人贺某接到报警后，立即通过报警系统喊话，启动公司安全生产事故应急救援预案，组织开展自救。16 时 2 分该县消防中队接警，16 时 12 分消防车到达现场。

2. 事故原因

（1）直接原因

在进行三层平台清理作业过程中产生了粉尘云，局部粉尘云的浓度达到了爆炸下限；维修振动筛和清理平台淀粉时，使用了铁质工具，产生了机械撞击和摩擦火花。高浓度的粉尘云和点火源的同时存在是初始爆炸的直接原因。包装间、仓库设备和地面淀粉积尘严重是导致两次强烈的二次爆炸的直接原因。

（2）间接原因

① 生产管理不善。当 5 号、6 号振动筛出现堵料故障时，没有及时采取停止送料措施，造成振动筛处及其附近平台大量淀粉泄漏、堆积。

② 未认真执行粉尘防爆安全国家标准。企业在安全生产管理中，未根据行业特点及存在的固有危险，贯彻执行 GB 17440《粮食加工、储运系统粉尘防爆安全规程》、GB 15577《粉尘防爆安全规程》、GB 50058《爆炸危险环境电力装

置设计规范》和 GB 50016《建筑设计防火规范》等国家标准要求。

③ 企业管理人员、技术人员和作业人员粉尘防爆知识欠缺，对粉尘爆炸危害认识不足。作业人员安全技能低，在淀粉清理和设备维修作业中违规操作。

④ 事故厂房 2000 年建成，原设计功能为仓库。2008 年公司将仓库西段北侧的 24m×12m 的区域改造为淀粉生产包装车间，改变了原仓库的性质，改造项目的设计对粉尘防爆考虑不完善，防火防爆措施、管理没有相应跟进。

3. 整改措施

① 对涉爆粉尘企业开展粉尘防爆知识和技能培训，普及粉尘爆炸知识，宣贯相关粉尘防爆标准，对企业管理、技术和作业人员要进行经常性化的、系统化的、规范化的粉尘防爆安全教育。

② 对淀粉行业进行重点整治，对生产车间应进行经常性的生产安全检查，落实防火防爆措施，消除事故隐患。

③ 粮食行业相关企业应严格落实执行国家粉尘防爆相关安全标准、规范和规定，制定相应安全操作规程并严格执行。

［案例四］　某炊具制造企业粉尘爆炸事故

1. 事故概况

该事故单位经营范围：开发、加工、生产经营高档五金制品（包括高档氧化铝合金炊具）、配件加工出口。事故车间是公司生产部五工段电热喷涂车间，是一个综合性生产车间，该车间主要有喷涂工序、锻压工序、氧化工序、热喷涂工序。该车间有 4 套除尘系统，5 个电热喷涂房，即 A、B、C、D、E 生产线。电热喷涂（喷铁粉）工艺流程于 2015 年 3 月经某粉尘防爆技术有限公司安全论证。2016 年 3 月 21 日该公司将 A 生产线原电热喷铁粉工艺改造为电热喷铝粉工艺，并将 A 生产线除尘系统风管接入 E 生产线（电热喷铁粉工艺）除尘系统风管，A 生产线与 E 生产线共用 1 套除尘系统，3 月 28 日试产。发生事故的是五工段电热喷涂车间的 A 线喷涂房（改造工艺为电热喷铝粉的喷涂房）。

2016 年 3 月 31 日晚，该公司五工段车间如常晚班生产，按公司规定 19 时 30 分上班，凌晨 0 时（4 月 1 日）停线休息 2h，凌晨 2 时继续开工，当时五工段电热喷涂车间五条生产线共 12 人在围闭的生产车间内工作。2 时 10 分左右热喷涂工序对面的其他工序员工发现热喷涂 A 生产线抽尘管道有烟冒出，员工张某马上告知该工序组长李某，李某指令控制员王某紧急关停 A 生产线，李某自己则爬到除尘管道上面检查。正在检查过程中，2 时 35 分左右，A 生产线喷涂房突然爆燃，热浪向上及往外冲出，导致 A 生产线喷涂房（约 14m²）倒塌，波及附近的天花顶板散落。距离 A 生产线喷涂房最近的 5 名生产员工被热浪灼伤，A 生产线喷涂房生产设备和喷涂房外电热喷涂车间内部分设备、设施损坏。公司立即拨打 120、110 报警和救援，并向公司部门经理和安全生产主任报告。

事故发生后，该公司安全主任周某于 4 月 1 日凌晨 2 时 45 分赶到现场启动应急预案，组织救援工作，将 5 名受伤员工送往某中医院救治。区政府接到事故报告后，也立即启动了应急预案，区长周某高度重视，作出重要指示，要求做好善后工作，查明事故原因，吸取教训，强化安全生产责任制，防止类似事故发生。该区管委会副主任何某、该区副区长吴某、街道领导以及有关部门负责同志迅速赶赴事故现场，了解情况、看望伤者，做好家属的安抚工作。区安委会、区市场安监局于 4 月 1 日上午 9:30 召开事故现场会，成立由区信访、劳动社保、总工会、街道等部门组成善后协调工作组，妥善协调处理事故的相关善后工作。经诊疗后，5 名伤者均为轻伤，且病情日趋稳定，该公司也与其中的两名受伤员工达成了工伤赔偿协议。事故造成该公司 5 名工人不同程度灼伤（轻伤），部分设备、设施损坏，直接经济损失 200 万元。

2. 事故原因

（1）直接原因

电弧喷涂生产 A 线除尘管道改造后排风量不够，电弧喷涂工艺（喷铝）生产过程中产生的铝粉在管道 T 形口处积聚。电弧喷涂工艺产生的高温铝粉在除尘管道内形成粉尘云。管道 T 形口处热铝粉尘集聚一定量后温度继续升高，达到粉尘云的引燃温度，引发除尘管道粉尘云爆燃。爆炸产生的高温气体经除尘管道从各吸尘口喷出，导致 A 线 5 名操作人员直接受到热浪冲击，造成皮肤表面灼伤。

（2）间接原因

该公司安全管理不到位，安全生产主体责任不落实，对事故负有主要责任。

① 该公司在未完全掌握新工艺和使用相关材料的安全技术特性情况下，对铝粉尘爆炸危险也未充分辨识，擅自改造工艺；

② 在工艺改造时，将 A 生产线除尘系统风管接入 E 生产线除尘系统风管，A 生产线与 E 生产线共用 1 套除尘系统，一台风机承担两条喷涂生产线的排风量，与原抽风除尘设计方案的 1 条生产线单独使用 1 套除尘系统的要求不相符，造成除尘风管风速也达不到原设计要求，且排风管支管与主管的夹角为 90°的 T 形风管接头，而不是按照《工业建筑供暖通风与空气调节设计规范》（GB 50019—2015）中"夹角宜采用 15°~45°"的规范要求；

③ 该公司主要负责人未全面履行安全生产管理职责，在公司安全生产管理员通报新工艺试生产时发现存在安全生产隐患的情况下，未采取有效的安全防护措施，及时停止试生产。

3. 整改措施

① 严格落实企业主体责任   各类粉尘爆炸危险企业必须坚决贯彻落实《严

防企业粉尘爆炸五条规定》（安全监管总局令第 68 号），对照相关法律法规、标准要求，建立健全粉尘防爆安全管理规章制度，严格执行安全操作规程和劳动防护制度，认真开展隐患排查治理和自查自改，确保生产安全。

② 加大政府安全监管力度　各街道、各部门要深刻吸取事故教训，强化安全发展意识，坚决履行"党政同责、一岗双责、齐抓共管"安全生产责任制，加强监管和执法，指导企业提高安全管理水平。

③ 深刻吸取事故教训，持续深化粉尘防爆专项整治　各街道及有关部门要按照转发《关于进一步加强工贸行业涉粉爆炸危险企业安全监管工作的通知》和《关于进一步加强涉粉作业和使用场所防范涉粉爆炸专项整治的通知》要求，持续深化粉尘防爆专项整治。要全面排查粉尘涉爆企业底数，做到一企一档，建立台账，跟踪落实，消除安全隐患。对改变工艺，没有进行安全技术论证的企业要逐一排查，督促停产整顿，未落实工艺改造安全技术论证前不得复产。对粉尘防爆安全管理制度不健全、措施不落实、除尘系统不符合要求或个体防护措施不完善的，要一律责令停产停业整顿。企业整改完毕，必须委托有资质的中介服务机构验收或专家检查确认后，方可恢复生产。

◤ [案例五]　某镁粉制备企业爆炸事故

1. 事故概况

该事故单位有两条雾化镁粉生产线，主要生产雾化球型镁粉，成品为雾化镁粉，年设计能力 1200t。该公司具有三级保密资质，是国家某技术委员会批准的武器装备科研生产许可证单位。公司现有职工 50 人，专职安全生产管理人员 2 名。2013 年 11 月 11 日 2 时 10 分左右，该公司制粉车间主任丁某发现 2 号生产线雾化电机在生产过程中出现负压冷却水故障，不能正常运转，立即将情况向生产副总经理刘某进行了报告，并请示停车检修，更换雾化电机。2 时 20 分左右，2 号生产线开始停产、降温，做检修前的准备工作。11 月 12 日 8 时 05 分左右，副总经理宁某带领制粉车间操作工段某、孔某来到制粉车间 2 号生产线三楼，准备对雾化罐内残留镁粉进行清扫，更换雾化电机。8 时 12 分左右，在确认 2 号生产线熔镁炉温度已经降至 150℃ 左右，符合温度降至 350℃ 以下进行密闭扫罐规定后，宁某等 3 人开始对车间地面和空气进行加湿处理。11 时 40 分左右，宁某、孔某和段某三人一起将雾化罐东北侧人孔门盖（$\phi600$）打开，对人孔门盖内侧进行加湿。12 时 35 分左右，加湿工作完成后，宁某将雾化罐东北侧、西南侧的两个人孔门盖全部打开，继续对雾化罐内部进行加湿。14 时 30 分左右，宁某关掉加湿器，戴好防静电头套，穿好防静电服，站在东北侧方向的人孔处，用防静电毛刷对雾化罐内竖壁进行清扫。孔某在人孔的左侧，段某在人孔的右侧，配合宁某进行清扫作业。15 时 40 分左右，总经理刘某到 2 号生产线察看工作情况，发现雾化罐两个人孔门盖已全部打开，宁某正在清扫雾化罐内竖壁。刘某当即责令宁某停止扫罐，将人孔门盖关闭，对雾化罐充氩气，进行置换处理，随后刘某前往 3 号生产线寻找清扫及充气用工具。其间，宁某未按照总经理刘某的要求停止扫罐。15 时 55 分，宁某站在东北侧人孔门外清扫雾化罐内顶时，雾化罐内突然发生爆炸，爆炸冲击波冲开车间的卸爆墙，并致站在人孔门处的宁某从车间三层（距一楼地面 7m）坠落至一楼水泥地面上，孔某和段某受轻微伤。事故发生后，副总经理王某迅速赶到事故现场并拨打了 120 急救电话。16 时 20 分，120 急救车到达现场，经医护人员确认宁某已经死亡。

2. 事故原因

（1）直接原因

负责制粉车间 2 号生产线雾化罐清扫工作的宁某只穿防静电服装，没有穿防静电鞋，擅自打开雾化罐上两个人孔盖，未执行公司"雾化罐清扫过程中，清扫人员必须穿戴防静电服、防静电鞋，必须在氩气保护下，密闭清扫罐内残留镁粉"规定，造成静电积聚在罐体中无法释放，引发粉尘爆炸。

（2）间接原因

① 该公司安全管理不到位　在 2 号生产线停产检修工作中，安全管理人员未认真履行安全监管责任，对作业现场违章行为没有及时发现和有效制止。总经理刘某发现宁某违章作业的行为后，虽提出"加氩气进行置换"的指令，但没有采取更加果断的措施进行有效的制止，没有履行其安全生产管理职责。

② 该公司安全教育培训不到位　作业人员安全意识淡薄，未认真执行公司制定的检修制度，对作业现场可能存在的危险因素认识不足，自我防范意识差。

③ 该公司停产检修制度不健全、不落实　此次停产检修工作未制定具体的实施方案，未制定和采取具体的安全措施，未进行检修作业前的安全教育和安全交底，准备工作不充分，公司制定的清扫雾化罐的有关安全制度不落实。

3. 整改措施

① 该公司要按照安全生产大检查活动的具体要求，认真贯彻"安全第一，预防为主，综合治理"的方针，在公司范围内组织开展全面的安全生产隐患排查，对查出的事故隐患，要做到"整改责任人、时限、资金、措施、预案"五落实，确保整改到位。安全生产隐患排查工作要做到全覆盖、严要求、重实效，促进本企业本质安全水平的提升，坚决杜绝此类事故的再次发生。

② 该公司要强化职工安全教育培训，提高从业人员专业素质和安全意识，杜绝违章作业行为。要强化对企业主要负责人、安全管理人员、职工的安全知识、安全技能和应急处置能力培训，完善各类应急预案并定期演练，确保从业人员掌握必备的安全生产知识和操作技能，掌握相应的防范措施、应急处置措施和安全操作规程。

③ 该公司要加强对检维修工作的组织领导，成立专门组织，明确责任任务，领导靠前指挥，重点加以防控。每次检修作业都要制定完善、科学、安全、可靠的检维修方案，进行检修前的安全教育和安全交底，并设专人监管，做好检维修作业的组织管理、统筹协调和安全监管，制定并落实好检维修过程的应急预案。

第三节　工业粉尘爆炸事故启示录

1. 事故教训

工业企业粉尘爆炸事故的发生既有技术、设备原因，也有管理原因。结合安监总管四〔2017〕129 号《工贸行业重大生产安全事故隐患判定标准（2017）》，可以将工业粉尘爆炸重大事故隐患归纳总结为以下十个方面，在开展此类企业隐患排查和治理时，应重点围绕这十点进行。

① 粉尘爆炸危险场所设置在非框架结构的多层建构筑物内或与居民区、员工宿舍、会议室等人员密集场所安全距离不足。

② 可燃性粉尘与可燃气体等易加剧爆炸危险的介质共用一套除尘系统，不同防火分区的除尘系统互联互通。

③ 干式除尘系统未规范采用泄爆、隔爆、惰化、抑爆等任一种控爆措施。

④ 除尘系统采用正压吹送粉尘，且未采取可靠的防范点燃源的措施。

⑤ 除尘系统采用粉尘沉降室除尘，或者采用干式巷道式构筑物作为除尘风道。

⑥ 铝镁等金属粉尘及木质粉尘的干式除尘系统未规范设置锁气卸灰装置。

⑦ 粉尘爆炸危险场所的 20 区未使用防爆电气设备设施。

⑧ 在粉碎、研磨、造粒等易于产生机械点火源的工艺设备前，未按规范设置去除铁、石等异物的装置。

⑨ 木制品加工企业，与砂光机连接的风管未规范设置火花探测报警装置。

⑩ 未制定粉尘清扫制度，作业现场积尘未及时规范清理。

2. 对策建议

（1）强化除尘系统安全改造

除尘系统是涉爆粉尘企业粉尘防爆最为关键的环节之一，近年来相继发生的多起粉尘爆炸事故均源于除尘系统，并由此引发二次和多次爆炸。对除尘系统的隐患，应重点关注防爆控爆技术措施和锁气卸灰装置以及进出风压差监控报警的应用，坚决杜绝降尘室和巷道式除尘风道。此外，各级政府部门应借助各种渠道强化和规范除尘器规范生产，将粉尘防爆与除尘器生产紧密结合，改变除尘重环保、轻安全的现实情况。

（2）严格控制点火源

消除点火源是预防粉尘爆炸的最实用、最有效的措施。在常见点火源中，电火花、静电、摩擦火花、明火、高温物体表面、焊接切割火花等是引起粉尘爆炸的主要原因。因此，应对此高度重视。场所的电气设备应严格按照 GB 50058—2014《爆炸危险环境电力装置设计规范》进行设计、安装，达到整体防爆要求，尽量不安装或少安装易产生静电、易产生火花的机械设备，并采取静电接地和防静电跨接等保护措施。被粉碎的物质必须经过严格筛选、去石和吸铁处理，以免杂质进入粉碎机内产生火花。

（3）采取可靠有效的防护措施

对于较小的粉碎装置，可以增加其强度，并要考虑防止爆炸火焰通过连接处向外传播。为减小爆炸的破坏性可设置泄压装置，如对车间采用轻质屋顶、墙体或增开门窗等。但应注意，泄压装置宜靠近易发生爆炸的部位，不要面向人员集中的场所和主要交通要道；为减少助燃气体含量，在粉尘与助燃气体混合气中添加惰性气体（如氮气），减少氧含量，也是可行方法之一。关注泄爆、隔爆等多种措施的结合使用，同时重视无火焰泄爆、抑爆等技术的合理应用。

（4）规范粉尘清理

粉尘清理是消除可燃粉尘这一发生条件最为有效的措施，也是隐患整改投入成本最低的措施。当前相当一部分企业缺少粉尘清理制度，且日常粉尘清理不规范。涉爆粉尘企业应严格落实粉尘清理制度，内容应涵盖完整的清理时间、部位、人员、清理方式等具体安排。同时应注重清扫的有效落实，做好清理记录。

（5）加强粉尘防爆宣教培训

当前涉爆粉尘企业对粉尘爆炸认识不足，对粉尘爆炸的危害和严重程度了解甚少。因此，应进一步强化粉尘防爆专项培训，加强宣传教育，吸取国内外同行业粉尘爆炸事故教训，从思想认识上加强对粉尘爆炸的理解以及对防控爆知识的认知，使员工了解本企业粉尘爆炸隐患特点和事故预防控制措施，通过教育培训，确保员工掌握必要的安全操作规程，潜移默化地提高企业粉尘防爆水平。对于已经整改完毕的企业，应重视粉尘防爆安全设备设施维护保养的相关培训。同时，应加强对属地安监及相关部门人员的培训，提高对粉尘爆炸的认知。

第六章
工业触电事故典型案例分析

第一节 基础知识

一、触电概念及种类

所谓触电，是由于人体自己接触电源，受到一定量的电流通过致使组织损伤和功能障碍甚至死亡。触电是由于接近或接触电线或电气设备的通电或带电部位，或者电流通过人体流到大地或线间而发生。电流通过人体所造成的损伤称为电击伤，也俗称"触电"。多数是因误触电源，少数是因高压电或雷电击伤所致。电击伤除在局部造成烧伤外，还会对全身产生严重影响，并威胁伤员生命。触电或电击伤是最直接的电气事故，常常使人致命。

按照触电事故的构成方式，触电事故可分为电击事故和电伤事故。

1. 电击事故

电击是电流直接作用于人体所造成的伤害，是最危险的一种伤害，绝大多数（约85%以上）的触电死亡事故都是由电击造成的。电流对人体的伤害程度与通过人体的电流大小、种类、持续时间、通过途径及人体状况等多种因素有关。电击的主要特征有：

① 伤害人体内部。

② 在人体的外表没有显著的痕迹。

③ 致死电流较小。

按照发生电击时电气设备的状态，电击可分为直接接触电击和间接接触电击。

（1）直接接触电击

直接接触电击是触及设备和线路正常运行时的带电体发生的电击（如误触接线端子发生的电击），也称为正常状态下的电击。

（2）间接接触电击

间接接触电击是触及正常状态下不带电而当设备或线路故障时意外带电的导

体发生的电击（如触及漏电设备的外壳发生的），也称为故障状态下的电击。

2. 电伤事故

电伤是由电流的热效应、化学效应、机械效应等效应对人造成的伤害。触电伤亡事故中，纯电伤性质的及带有电伤性质的约占75％（电烧伤约占40％）。尽管85％以上的触电死亡事故是电击造成的，但其中约70％含有电伤成分。对专业电工自身的安全而言，预防电伤具有更加重要的意义。

① 电烧伤　是电流的热效应造成的伤害，分为电流灼伤和电弧烧伤。

电流灼伤是人体与带电体接触，电流通过人体由电能转换成热能造成的伤害。电流灼伤一般发生在低压设备或低压线路上。电弧烧伤是由弧光放电造成的伤害，分为直接电弧烧伤和间接电弧烧伤。前者是带电体与人体发生电弧，有电流流过人体的烧伤；后者是电弧发生在人体附近对人体的烧伤，包含熔化了的炽热金属溅出造成的烫伤。直接电弧烧伤是与电击同时发生的。电弧温度高达8000℃以上，可造成大面积、大深度的烧伤，甚至烧焦、烧掉四肢及其他部位。大电流通过人体，也可能烘干、烧焦机体组织。高压电弧的烧伤较低压电弧严重，直流电弧的烧伤较工频交流电弧严重。发生直接电弧烧伤时，电流进、出口烧伤最为严重，体内也会受到烧伤。与电击不同的是，电弧烧伤都会在人体表面留下明显痕迹，而且致命电流较大。

② 皮肤金属化　是在电弧高温的作用下，金属熔化、汽化，金属微粒渗入皮肤，使皮肤粗糙而张紧的伤害。皮肤金属化多与电弧烧伤同时发生。

③ 电烙钝　是在人体与带电体接触部位留下的永久性斑痕。斑痕处皮肤失去原有弹性、色泽，表皮坏死，失去知觉。

④ 机械性损伤　是电流作用于人体时，由于中枢神经反射和肌肉强烈收缩等作用导致的机体组织断裂、骨折等伤害。

⑤ 电光眼　是发生弧光放电时，由红外线、可见光、紫外线对眼睛的伤害。电光眼表现为角膜炎或结膜炎。

二、触电方式

按照人体触及带电体的方式和电流流过人体的途径，电击可以分为单相触电、两相触电和跨步电压触电。

1. 单相触电

当人体直接碰触带电设备其中的一相时，电流通过人体流入大地，这种触电现象称为单相触电。对于高压带电体，人体虽未直接接触，但由于超过了安全距离，高电压对人体放电，造成单相接地而引起的触电，也属于单相触电。低压电网通常采用变压器低压侧中性点直接接地和中性点不直接接地（通过保护间隙接地）的接线方式。在中性点直接接地的电网中，通过人体的电流为：

$$I_r = U/(R_r + R_o)$$

式中，U 为电气设备的相电压，R_r 为中性点接地电阻，R_o 为人体电阻。由于 R_r 和 R_o 相比，R_o 甚小，可以略去不计，因此 $I_r = U/R_r$。可以看出，若人体电阻按 1000Ω 计算，则在 220V 中性点接地的电网中发生单相触电时，流过人体的电流将达 220mA，已大大超过人体的承受能力；即使在 110V 系统中触电，通过人体的电流也达 110mA，仍可能危及生命。在低压中性点直接接地的电网中，单相触电事故在地面潮湿时易于发生。单相触电是危险的，如高压架空线断线，人体碰及断落的导线往往会导致触电事故。此外，在高压线路周围施工，未采取安全措施，碰及高压导线触电的事故也时有发生。

2. 两相触电

人体同时接触带电设备或线路中的两相导体，或在高压系统中，人体同时接近不同相的两相带电导体而发生电弧放电，电流从一相导体通过人体流入另一相导体，构成一个闭合回路，这种触电方式称为两相触电。发生两相触电时，作用于人体上的电压等于线电压，这种触电是最危险的。

3. 跨步电压触电

当电气设备发生接地故障，接地电流通过接地体向大地流散，在地面上形成电位分布时，若人在接地短路点周围行走，其两脚之间的电位差，就是跨步电压。由跨步电压引起的人体触电，称为跨步电压触电。下列情况和部位可能发生跨步电压电击：带电导体，特别是高压导体故障接地处，流散电流在地面各点产生的电位差造成跨步电压电击；接地装置流过故障电流时，流散电流在附近地面各点产生的电位差造成跨步电压电击；正常时有较大工作电流流过的接地装置附近，流散电流在地面各点产生的电位差造成跨步电压电击；防雷装置接受雷击时，极大的流散电流在其接装置附近地面各点产生的电位差造成跨步电压电击；高大设施或高大树木遭受雷击时，极大的流散电流在附近地面点产生的电位差造成跨步电压电击。跨步电压的大小受接地电流大小、鞋和地面特征、两脚之间的跨距、两脚的方位以及离接地点的远近等很多因素的影响。人的跨距一般按 0.8m 考虑。由于跨步电压受很多因素的影响以及地面电位分布的复杂性，几个人在同一地带遭到跨步电压电击完全可能出现截然不同的后果。

三、触电伤害程度

人体在电流的作用下，没有绝对安全的途径。电流通过心脏会引起心室颤动乃至心脏停止跳动而导致死亡；电流通过中枢神经及有关部位，会引起中枢神经强烈失调而导致死亡；电流通过头部，严重损伤大脑，也可能使人昏迷不醒而死亡；电流通过脊髓会使人截瘫；电流通过人的局部肢体也可能引起中枢神经强烈反射而导致严重后果。流过心脏的电流越多、电流路线越短的途径是电击危险性越大的途径。触电对身体损害的程度主要与以下三个因素有关。

1. 通过人体电流数值和作用时间

电流是触电受伤时的直接物理因素。例如，被 60Hz 一定强度的电流触电时，心脏肌肉每秒钟颤动 60 次，因而发生痉挛。产生痉挛而受损的心脏，要自行复原是很罕见的，以致大多数在数分钟内死亡。1s 对人类来说，虽然是短暂的一瞬，但是对电却是很长的时间。因此，必须牢记，触电时即使通电时间为 1~2s，也是很危险的。再从电压方面看，电压高低随通过人体的电流量的大小和触电时间的长短而定，但也与当时的电路情况有关。根据电流流过人体所产生的不同生理效应，我们把电流分为感觉电流、摆脱电流、安全电流和致命电流。

感觉电流：比如用手握带电导体，在直流情况下能感知手心轻轻发热；在交流情况下，因神经受到刺激而感到轻微刺痛。根据测试成年男性在交流 60Hz 电流作用下感觉电流平均值为 1.1mA。摆脱电流（人触电后能自行摆脱的电流值）：根据国际电工委员会 IEC 标准确定为 10mA·s，但根据生理结构不同，男性通常为 9mA，而女性为 6mA。安全电流：在特定时间内，通过人体的电流，对人体未构成生命危险的电流值，在国际电工委员会 IEC 标准中确定为 30mA·s。致命电流（人触电死亡的临界值）：根据测试结果通常为 100mA·0.5s、400mA·0.15s、10mA·120min 等。

2. 人体阻抗和接触电压

即便是同一个人，也随其当时的状态不同而有不同的影响。人体的电阻分为皮肤电阻（潮湿时约 2000Ω，干燥时约 5000Ω）和体内电阻（150~500Ω），随着电压的升高，人体的电阻则相应降低。若接触高压电而发生触电，则因皮肤破裂而使人体的电阻大为降低，此时，通过人体的电流即随之增大。此外，接近高压电时还有感应电流的影响，因而是很危险的。在不同接触电压作用下的人体阻抗，按 5％、50％、95％ 的概率分成三级，比如接触电压为 50V 时，在 5％ 时，总阻抗为 1450Ω，电流为 34.2mA；在 50％ 时，总阻抗为 2625Ω，电流为 19mA；在 95％ 时，总阻抗为 4375Ω，电流为 11mA。

3. 心脏电流系数和心电相位

电流流过人体的途径不同，流过人体心脏的电流大小也不同，因此对触电造成的伤害有着重要的影响。若以心室颤动作为评价各种电流途径的相对危险性，通常心脏电流系数为左手—双脚 6.7％、右手—双脚 3.7％、右手—左手 3.3％、左脚—右脚 0.4％，也就是说电流流过人体的主通道决定了对心脏伤害的程度。而心脏有节律地进行舒张和收缩构成了心脏的跳动。当人发生触电，电流流过心电相位的心缩期和心舒期所产生的室颤电流阈值和危险性也有所不同。实验证明：电击心缩期的室颤电流阈值要比电击心舒期的室颤电流阈值小，也就是说电击心缩期的危险性要比电击心舒期的危险性大。当电流作用时间超过人的心动周期时，由于电流与心电相位的心缩期重合，极易产生心室颤动。因此心电相位（心缩期和心舒期）在指定时间条件下对心室颤动电流阈值起着主要作用。

第二节　典型案例分析

◥ [案例一]　某炼钢厂触电事故

1. 事故概况

2016 年 3 月 20 日 7 时 10 分左右，某炼钢有限公司转炉炼钢厂转炉特钢车间发生一起触电事故，造成 1 人死亡。事故直接经济损失 83 万元。

该炼钢公司成立于 2003 年 1 月 3 日，位于某省某市某镇，法定代表人为龚某，主要负责人为陶某，注册资本 2998 万美元，企业类型为有限责任公司（台港澳与境内合资），经营范围为生产各种规格的低合金钢普碳钢、优特钢，销售自产产品。公司下设转炉炼钢二车间、转炉炼钢三车间、转炉特钢车间，共有员工 1000 名左右。

事故地点位于该炼钢公司转炉炼钢厂转炉特钢车间 1♯精炼炉高压配电室。

现场勘验情况：1♯精炼炉高压配电室位于转炉特钢车间内，配电室内设备名称为高压开关柜，标称电压 35kV，分为高压进线柜和真空断路器柜两部分，真空断路器柜门及维修门已打开，在维修门前有一套工具箱，维修门边有两处已被烧黑，真空断路器柜内部有一支已被烧黑的低压验电笔，柜边有一顶安全帽。

事故相关情况：1♯精炼炉高压开关柜原先设置了柜门的联锁保护开关，即必须将高压开关柜设置在检维修断电状态下才能打开检修门开展检维修作业。经调查，高压开关柜真空断路器隔离开关上的柜门钥匙早已遗失，柜门锁处于失效状态，失去了联锁保护作用，作业人员在真空断路器不断电的情况下，就能取到检修门的钥匙打开检修门进行作业。

2016 年 3 月 20 日上午 6 时 50 分左右，转炉特钢车间 1♯精炼炉炉长王某发现精炼炉无法通电，向调度室调度员顾某汇报后，顾某遂联系了电工代组长林某处理故障，同期王某亦联系了电工陆某处理故障。

7 时 5 分左右，陆某来到 1♯精炼炉高压配电室，发现真空断路器仪表显示带电状态，真空断路器柜门及维修门都已打开，林某站在柜边。林某告知陆某开关控制器已坏，需更换真空开关，便让陆某电话通知变电所停电。

由于高压配电室处通信信号不强，陆某遂走到配电室门口，电话通知变电所断电。在陆某打电话时，听到"嘭"的一声，遂扭头并发现林某跪在真空断路器柜的检修门旁，头靠在门上。陆某上前呼喊林某，发现林某已失去知觉。陆某立即将此情况向班长张某电话汇报，并让其拨打"120"。随后赶来的公司救援人员对林某进行现场急救后，将其送往该市医院进行抢救。林某后经抢救无效于当日死亡。

2. 事故原因

（1）直接原因

① 作业人员安全意识淡薄，在不具备高压维修资质且真空断路器未断电的情况下，使用低压验电笔对高压设备进行验电；

② 真空断路器柜门的联锁保护开关失效，设备长期存在安全隐患。

（2）间接原因

① 该炼钢公司对作业现场安全监管不到位，对作业人员的违章行为未能有效制止；

② 对特种作业管理不到位；

③ 对作业人员的安全教育培训不到位，未督促从业人员严格遵守本单位安全操作规程；

④ 隐患排查治理工作开展不到位，未及时消除生产安全事故隐患。

3. 整改措施

① 该炼钢公司必须深刻吸取该事故教训，严格执行国家的安全生产法律法规，加强生产作业管理，加大对违章作业行为的检查考核力度，确保各项规章制度和规程执行到位。

② 该炼钢公司要加强对特种作业人员的管理，特种作业人员必须取得特种作业操作证后方可从事相应作业；加强对从业人员的安全培训教育，不断提高职工的安全意识。

③ 该炼钢公司要大力开展事故隐患排查治理工作，查找安全管理上的薄弱环节，采取扎实有效的安全措施，及时消除各类不安全因素。

［案例二］　某机械加工厂触电事故

1. 事故概况

2017 年 7 月 17 日 7 时 30 分许，某省某机械有限公司锻压车间发生一起触电事故，造成 1 人死亡，直接经济损失约 100 万元。

该机械有限公司成立于 2006 年 12 月 11 日，经营场所：某市某镇一工业集中区；经营者姓名：顾某；资金数额：1188 万元；经营范围：机械配件、冷弯型钢加工、销售，自营和代理各类商品及技术的进出口业务。

2017 年 7 月 17 日 7 时 30 分许，该机械有限公司锻压车间的锻压工朱某和陆某在休息过程中看到班组长王某趴在锻压车间冲床接电柜下口的铁框子上（用于装物料），朱某连忙跑过去拉王某，被电击了一下，立即叫维修工唐某关闭总电源。

事故发生后，现场人员用木板将王某抬上小卡车送往卫生院救治，后转到市人民医院抢救，最后经抢救无效死亡。

2017年7月19日，经该镇人民调解委员会调解，该机械有限公司与死者亲属达成赔偿协议，除工伤保险外，该机械有限公司增加赔偿款8万元补偿死者亲属。

2. 事故原因

（1）直接原因

该机械有限公司锻压车间冲床接电柜下口进线管受外力撞击作用破损，用电设备电源线绝缘层破损，导致设备漏电，王某触碰到带电铁框子，导致触电身亡。这是事故发生的直接原因。

（2）间接原因

① 该机械有限公司锻压车间冲床接电柜未设置接地保护措施；

② 该机械有限公司未建立安全生产事故隐患排查治理制度，未采取技术、管理措施，及时发现并消除隐患；

③ 该机械有限公司用电管理制度不健全；

④ 申某作为该公司兼职安全管理人员，未及时排查生产安全事故隐患，提出整改建议；

⑤ 闵某作为该公司车间主任，安全管理不到位，未认真组织隐患排查，消除隐患。

3. 整改措施

① 该机械有限公司应从此次事故中吸取深刻教训，切实落实安全生产责任制，确保相关人员到岗并履行安全生产管理职责；加强安全生产培训教育工作，提高施工人员安全意识；及时采取措施消除事故隐患，防止类似事故发生。

② 该镇人民政府应进一步加强属地安全检查，督促所属企业落实安全生产主体责任，切实采取安全措施，及时消除各类事故隐患，确保安全生产。

［案例三］ 某运动器械制造企业触电事故

1. 事故概况

2017年8月31日16时左右，位于某镇某社区的一运动器械有限公司，发生一起触电事故，事故造成1人死亡，直接损失约84万元。

该运动器械有限公司，类型为有限责任公司（自然人投资或控股），法定代表人：杨某；注册资本：50万元；成立日期：2009年9月29日；营业期限：长期；经营范围：产销运动器材、球类产品、文体用品（依法须经批准的项目，经相关部门批准后方可开展经营活动）。

2017 年 8 月 31 日该运动器械有限公司按照惯例开展月底资产盘点工作，下午 14 时左右生产工人李某独自一人到生产车间后面通道的水泵前检查水泵抽水故障（分析为：因生产部门主管朱某于 14 点拨打过李某电话有通，无人接听），生产部门主管朱某到 16 时 08 分未见李某回车间，再次拨打李某的电话，此时电话已关机。朱某见事情异常，立即去寻找工人李某，当朱某找到水泵房时，发现李某趴倒在水泵房地上（地面有积水），以为是摔跤跌倒在地，马上用手去拉李某，当手接触到死者李某身体时有麻痛感，意识到李某可能触电。朱某马上跑到车间关闭电源总闸，同时叫生产车间主管蔡某拨打厂长晋某电话。

朱某拨打 120 电话后，叫来一名保安，两人将死者李某从水泵房抬到厂门口实施抢救。120 救护车大概 10min 后到达现场，120 急救人员在现场进行抢救后证实李某已经死亡。该公司总经理杨某拨打了 110 报警，同时将事故情况上报社区安全办，10 多分钟后安监、公安等部门到达事故现场。

2. 事故原因

（1）直接原因

水泵电机绕组短路，电动机无任何保护，当水泵电机绕组短路时，电源总开关断路器距离远且容量大没有跳闸断开电源，以致水泵电机绕组绝缘烧坏而漏电。当死者李某进入水泵房检查水泵时，只是看到水泵电机停止转动，没有检查电源，误认为水泵电机不带电，当李某徒手触摸电机外壳时发生了触电事故。

（2）间接原因

由于涉事电动机未安装短路保护、过载保护、漏电保护器来保护电动机安全正常运行，导致事故现场的电动机发生短路故障时未能得到及时有效保护，使电动机绝缘损坏，致使直接控制电动机电箱内的交流电流表烧坏变形；同时由于车间内总电控箱断路器容量过大，且断路器老旧动作不灵敏，距离远，也未能起到保护；电动机外壳没有接地保护，当电机漏电外壳带电时，操作人员徒手触摸极易引发触电。

3. 整改措施

① 对企业所有电气设备进行一次全面检查，排除所有故障设备。

② 动力配电箱应由专业电气技术人员安装，动力控制应选择与电动机额定电流合适的熔断器作短路保护，选择合适的热继电器作过载保护，加装漏电开关；应采用三相五线制配电，更换老旧的动作不灵敏的断路器，电动机外壳要有接零或接地保护。

③ 电气设备、设施应由经过专业培训并取得操作证的专业技术人员来维修、保养。

④ 设备检修前一律要验电，没有验电前电气设备都要视为有电。设备检修时停电必须断开刀闸开关，要有明显断开点，如没有刀开关，就要取出熔断器的

熔丝管。

⑤ 验完电，确认无电后，还要在可能来电的方向挂接临时接地线保证安全，在开关手柄上要挂标示牌。

⑥ 在潮湿、危险环境维修应由两人进行，一人作为监护。

⑦ 加强员工的安全教育培训。

⑧ 为员工购买工伤保险。

[案例四]　某汽车制造企业触电事故

1. 事故概况

2018 年 7 月 20 日 23 时 35 分许，位于某经济技术开发区的一汽车制造有限公司在维修行车过程中发生一起触电事故，造成 1 人死亡，直接经济损失 126.8 万元。该汽车制造有限公司成立于 2003 年 4 月 28 日，位于该经济技术开发区某工业城，法定代表人为梁某，经营范围：汽车及其零部件的制造、销售；在许可证核定范围内从事起重机械及其零部件的制造与销售等。

事故经过：

7 月 20 日下午 18 时许，设备维修班班长刘某接到生产管理中心更换 5 号厂房行车（桥式起重机）钢丝绳的工作安排，并要求当晚完成任务。19 时 12 分，刘某通过微信群把该项工作任务分派给周某、肖某、蒋某 3 名维修人员。22 时许，蒋某到达 5 号厂房，随后周某、肖某相继到达。

待更换的钢丝绳总长度 80 余米。作业前，周某用遥控器操控行车从 5 号厂房的中间位置开至 A 跨过道上方（装有一排顶灯，利于夜间作业），并把吊钩放到地面。22 时 5 分许，3 人开始作业。更换钢丝绳的过程为：肖某先用割枪把旧钢丝绳从离地面约 1m 处割断，然后与周某到行车上拆除旧钢丝绳压板，把钢丝绳下放卸至地面，蒋某在地面拉扯协助。卸完便开始安装新钢丝绳，蒋某在地面把新钢丝绳穿入吊钩滑轮组，周某、肖某在行车上面一边拉扯，一边将钢丝绳绕到滚筒上面，再用压板螺钉固定。

23 时 35 分许，肖某、周某在行车上将钢丝绳绕到滚筒上面的过程中，肖某背部触碰到上方照明灯，突然"哎哟"一声，身体向前扑倒。周某见状以为肖某中暑，便立即将其抱住，并大声呼叫蒋某上行车帮忙。蒋某上行车后，将事故向班长刘某电话报告并请其派人前来救援。随后两人将肖某扶起移至安全位置以防其从行车跌落，并为其做了心肺复苏和人工呼吸。蒋某在移动肖某过程中，肩膀碰到涉事顶灯遭到电击，便立即用随身携带的测电笔量了顶灯外壳，发现电压有 200 多伏。不久电工皮某、黄某驾驶高空作业车赶到现场，皮某拨打了 120 急救电话，在场 4 人通过高空作业车将肖某从行车上转移至地面。23 时 55 分，救护车赶到。21 日 0 时 3 分，肖某被送至医院急救室。0 时 30 分，肖某因抢救无效死亡。

2. 事故原因

（1）直接原因

涉事照明灯灯体内防爆式补偿电容器的一根电线未接在接线柱上，裸露在外并与灯体外壳的内侧接触粘连，当通电后，220V 交流电经电容器由该电线传导到灯具外壳，肖某作业时背部接触带电的照明灯外壳发生触电事故。

（2）间接原因

① 未依法设置专门的安全生产管理机构，且专职安全生产管理人员配备不足。

② 安全生产责任制不健全，未明确负责厂房顶部照明设施安全管理的责任人员。

③ 对厂房顶部照明设施未采取安全检查、隐患排查管理措施，致使5号厂房部分顶灯漏电的事故隐患没有及时发现并消除。

④ 涉事照明灯具的电源零火线接反。

3. 整改措施

① 设置机构、配足人员　该汽车公司应依法成立专门的安全管理机构，对各生产基地的安全生产进行统一管理；各生产基地应按照不低于从业人员千分之三的比例配足专职安全生产管理人员。

② 健全安全生产责任制　不但要明确负责厂房顶部照明设施安全管理的责任部门和责任人员，确保责任到人、职责清晰，还要对现行安全生产责任制进行全面梳理，结合实际情况，进行修订完善，及时查漏补缺，消除管理盲区。

③ 全面开展隐患排查治理　要对厂房顶部照明设施采取管理措施，将其纳入安全检查和隐患排查治理范围。同时，要举一反三，定期组织开展全面的安全检查和隐患排查，及时发现并消除事故隐患。

第三节　工业触电事故启示录

1. 事故教训

触电事故虽然具有极大的偶然性与突发性。但只要对已发生的事故进行认真仔细的分析统计，便不难发现触电事故也是有规律可循的。

① 触电事故发生在变压器的支干线、线路末端上的多，约占总死亡人数的80％。这主要是由于支干线路长，布线范围广，人接触机会多。其次是由于离电源控制端较远，人们在检修或布线时图方便省事，不去及时切断电源而违章带电作业，使其成为触电事故的重点线段。

② 触电事故与生产部门的性质有关。据有关部门资料统计显示：冶金、化

工、矿山、建筑、机械等行业由于工作环境潮湿、多尘、高温，现场作业混乱，移动式、便携式设备较多，人与带电设备接触较频繁，以致触电事故远远高于其他行业。

③ 手持式电动工具：主要指电钻、砂轮机、抛光机、电焊机、切割机等。这些电气设备大部分是非固定的，要经常移动。如在移动过程中不采取停电措施，相线碰外壳，或绝缘性能下降而导致触电。

④ 触电事故季节性明显。一年中二、三季度事故较多，6～9月份是发生事故的高峰期，占全年总触电事故的75％以上。这主要是因为这四个月正值雷雨季节，空气潮湿多雨，高温炎热，人体出汗多，皮肤电阻下降，设备绝缘电阻下降，降低了电气设备的绝缘性能。客观条件的不利加上主观上麻痹大意，是造成高峰期的主要原因。

⑤ 低压侧触电事故远高于高压侧触电事故。因为低压设备多，与人接触机会多，且大多数设备使用年代久远，缺乏必要的维修，这就为发生触电事故留下了隐患。

⑥ 架空线路触电事故。这类事故主要有：导线折断落下触及人体，人体偶然触及绝缘破损的导线，高空作业误触及220V电线，以及吊车、起重机臂杆触碰裸导线等。

⑦ 事故点多发生在电气连接部位，如分支线、进户线、压线头、接线端、焊接头、电缆头、灯头、接触器、空气开关等部位。

⑧ 照明设备触电事故主要发生在带电装卸、修理、擦拭灯头、灯泡，以及灯头的安装高度不够等情况。

⑨ 配电设备触电事故主要发生在高压部分。事故的发生大多数为严重违反安全工作规程所造成的。如没有切断电源就清扫绝缘子，检查隔离开关和油开关，安装和拆除电气设备等。

⑩ 低压配电盘。电缆部分：电缆绝缘破损或击穿而触电，或在带电情况下拆装电缆。闸刀开关部分：主要是触碰敞露或破损闸盖的闸刀开关，磁力起动器缺少护壳而触电。熔断器部分：主要是没有切断电源而进行更换熔丝及熔断器而导致触电。

2. 对策建议

触电伤亡事故的发生不仅给企业的正常生产带来严重影响，而且对家庭来说其损失更是无法弥补。因此，必须采取有效的安全防护措施，使事故减少到最低限度。

① 大力推广漏触电保护、强化绝缘、电气隔离等新兴的电气安全技术。

② 从规划、设计、施工、安装、试验一直到运行操作、维护等程序上加强输配电系统安全，掌握其安全运行的条件、规律，并建立起与之相适应的系统安

全标准或规范。

③ 必须严格按照电气安装规程的有关规定，正确架设安装，严格工艺流程。即使是临时用电装置也不例外。规程中的其他一些规定，设计施工线路时应当查阅，严格按照规定办事。

④ 建立和健全专业人员定期检查维护电气装置的制度。这样，可以及时发现事故隐患。例如：导线接头胶布扎头松落的，必须重新包扎；导线接头老化的应当重接；胶木闸刀开关、插座失落了护盖、护罩的应及时补上，破损的要尽快更换。

⑤ 严禁电工及其他人员违章作业。违章作业往往是发生触电事故的直接原因。应禁止在施工中约时停、送电或借线路停电机会擅自在线路上工作；严禁直接从线路上挂钩取临时电源和私设电网等。

⑥ 只有经过专业培训考试合格或持有电工合格证者，才允许安装、维护电气设备。其他非专业人员一律不允许上岗作业，这应成为每个企业的规章制度，切实做到有章必行，违章必究。

⑦ 要加强对各种事故隐患和重大危险源的控制。围绕解决重大事故对策，精心组织技术骨干，开展科学研究，组织技术攻关。并及时引进国外的漏、触电保护先进技术，缩短我国与先进工业化国家的差距。

⑧ 用生动有效的方法普及电气安全知识，加强对专业电工的技术培训工作。加强电气安全人机工程的研究和运用，使用电者都养成正确使用电能的良好习惯，以进一步消除人为的不安全行为。

第七章
工业灼烫事故典型案例分析

第一节 基 础 知 识

一、灼烫概念及特点

1. 概念

灼烫是指火焰烧伤、高温物体烫伤、化学灼伤（酸、碱、盐、有机物引起的体内外的灼伤）、物理灼伤（光、放射性物质引起的体内外的灼伤），不包括电灼伤和火灾引起的烧伤。

2. 特点

被化学物质灼伤的皮肤会出现肿胀、变色、流液，伤及真皮组织，严重者会影响内脏器官。对于大面积烧伤者，因剧痛及大量血液渗出创面，会引起感染，严重者会导致休克和败血症。灼烫损伤程度与接触时间、接触能量有关，接触的时间长，受伤就重；接触的时间短，受伤就轻。接触能量大，受伤就大；接触能量小，受伤就小。能量越集中，受伤越严重。

3. 原因

（1）生产中的高温介质或者设备产生的高热

生产和使用的各种高温物料（水、汽、烟气、高温介质等），因设备、管网、阀门等承压部件泄漏，隔热保温不好时，会发生烫伤事故。这类事故发生次数较多，由于事发突然，作业人员来不及防备，所以往往后果较为严重。

（2）化学物质释放的化学能

在生产过程中，化学药品使用或者管理不当，人体接触到这些化学物质时，可引起灼伤。在化验室化验过程中，化学灼伤也是经常出现的安全事故，皮肤或者眼睛内溅入浓酸、浓碱等化学药品和其他刺激性的物质可对皮肤和眼睛造成灼伤。

二、灼烫事故的分类

引发灼烫伤害的危险源有很多，如：企业厂房内高温的管道容器等设备上无保温层；工人在检修高温的管道容器时未配备防护服；高温、高压蒸汽泄漏；员工在热水井或热水池工作时，未采取有效防护；化学药品管理和使用不当；高温、高压设备及管道漏泄，喷出不可见气体；无警示标志等。

根据致伤原因的不同，灼烫事故可分为以下几类：

① 高温汽水烫伤　判断烫伤情况，如受伤面积的大小，伤处是否疼痛，伤处的颜色。在伤处未发现红肿之前要脱下伤处周围的衣物和饰品。如果伤处很痛，说明这是轻度烫伤。严重烫伤的病人，在转运途中可能会出现休克或呼吸、心跳停止的现象，应立即对其进行人工呼吸或胸外心脏按压。

② 紫外线灼伤　主要是指电弧光对人的眼睛造成的伤害，严重的眼部会有灼烧感和剧痛感，并伴有高度畏光、流泪等明显症状。

③ 强酸碱灼伤　强酸灼伤主要是由浓硫酸、盐酸、硝酸等引起，灼伤深度与酸的浓度、种类及接触时间有关。强碱烧伤主要由苛性钠、苛性钾、石灰等引起，强碱伤要比强酸对肌体组织的破坏性大，因其渗透性强，可以皂化脂肪组织，溶解组织蛋白，吸收大量细胞内水分，使烧伤逐渐加深，且疼痛较剧烈。

④ 电弧灼伤　电弧灼伤一般分为三度。一度为灼伤部位轻度变红，表皮受伤；二度为皮肤大面积烫伤，烫伤部位出现水疱；三度为肌肉组织深度灼伤，皮下组织坏死，皮肤烧焦。

三、灼烫的应急护理

灼烫事故发生后，现场急救应遵循迅速脱离致伤源、就近急救和分类转入专科医院的原则。处理烫伤时，要立即冷却患部，避免患部受到感染，让伤者立即接受适当治疗。

受到紫外线灼伤后，急性期应卧床休息，并戴墨镜避光，然后用红霉素眼药水滴眼。没有药物时，也可用新鲜牛奶滴眼。

对于强酸碱伤，应首先脱去被强酸类粘湿的衣物，迅速用大量清水冲洗，然后用弱酸溶液如淡醋或5%氯化氢溶液中和，最后再用清水中洗干净。石灰烧伤时应先将石灰清除再用清水冲洗，防止石灰遇水后产生氢氧化钙而释放出大量热能，导致烧伤加重。

对于电弧灼伤，应立即切断电源，确保员工的生命安全。当皮肤严重灼伤时，必须先将其身上的衣服和鞋袜小心脱下，最好用剪刀一块块剪下。灼伤的皮肤表面必须包扎好，应在灼伤部位覆盖洁净的亚麻布。包扎时不得刺破水疱，也不得随便擦去粘在灼伤部位的烧焦衣服碎片；如需除去，应使用锋利的剪刀剪下。现场紧急处置后，立即送往医院治。

气道吸入性损伤的治疗应于现场立即开始，保持呼吸通畅，解除气道梗阻，不能等待诊断明确后再进行。伴有面、颈部烧伤的患者，在救治时要防止再损伤。同时，无论何种原因的烧伤均可能带有其他外伤，如压力容器爆炸，烧伤后高处坠落，在烧伤的同时并有骨折、脑外伤、内脏损伤等，此类情况均应按急救原则对伤势做合并处理。

适当采取冷疗法，这种方法不但可以减少创面余热对尚有活力的组织继续损伤，而且可以降低组织代谢，使局部血管收缩、渗出减少，减轻创面水肿程度，并有良好的止痛作用。在病人可以耐受的前提下温度越低越好，可以用 15℃ 左右自来水、井水或加入冰块的冷水冲洗或浸泡，时间尽量不少于 30min。

肢体被沸水或蒸汽烫伤时，应立即剪开已被沸水湿透的衣服和鞋袜。然后将受伤的肢体浸于冷水中，可起到止痛和消肿的作用。贴身衣服与伤口粘在一起时，切勿强行撕脱，以免使伤情恶化，可用剪刀将衣服剪开，然后慢慢将衣服脱去。

502 胶水等化学灼烫：第一时间用大量清水冲洗，冲洗 10～15min 后前往就医。

酸类灼烫：先擦去皮肤上残留的化学品，再用水冲洗，视情况就医。

眼部受化学品灼烫：使伤侧的脸部在下，让水从鼻梁处向受伤眼一侧的脸颊部冲洗。如化学品是固体，可以用棉棒剔除，包扎好后将伤者送医。

面部灼烫：可以用脸盆盛满水将脸部浸在水里冲洗，或用湿毛巾捂在脸部冷敷 15min。注意更换毛巾。若出现水疱，千万不要弄破。

轻微灼烫：立即使用应急药箱中的烫伤膏涂抹患处。

第二节　典型案例分析

［案例一］　某新材料制造企业灼烫事故

1. 事故概况

2016 年 4 月 25 日 4 时 07 分，某市某新材料有限公司发生一起较大灼烫生产安全事故，造成 3 人死亡、1 人受伤，直接经济损失 165 万元。

该新材料有限公司于 2011 年 11 月注册，注册资本 2700 万元，经营范围为电熔砖生产、销售等，法定代表人为刘某。生产车间于 2012 年底建成，总建筑面积 5000m²，其中电熔炉车间 2000m²，车间高度 14m，有电熔砖生产线

1条。

2015年1月，刘某与张某签订租赁协议，将该新材料有限公司连同厂房、生产设备整体租赁给张某（租金80万元/年），租赁期限为2015年1月1日至2018年1月1日。张某承租后，更换了电熔炉炉盖和起重机钢丝绳，对除尘设备等进行了维修。2015年4月开始投入生产，截至事故发生前共生产电熔砖约3000t，产值约3600万元。

经调阅现场监控录像和询问相关人员，2016年4月24日22时上班后，该新材料有限公司电熔砖浇铸现场共有9名作业人员，其中蒋某为班长，负责操作电熔炉和协调浇铸作业（在西北侧），胡某等3人负责持钎子稳固铸型箱（东侧为申某，西侧为郑某，北侧滑板车上为胡某），冯某在滑板车上负责持钎子对箱体内的熔液排气，王某在滑板车上负责遥控操作起重机，郭某在炉坑东侧负责稳定滑板车，窦某在电熔炉东侧负责看管电熔炉，吕某在炉坑西侧二楼操作间内负责操作控制电熔炉加热电机。

25日4时07分，浇铸作业进行约3min后，拟进行熔液排气，再行补充浇铸，当电熔炉炉嘴向上收起至接近水平时，铸型箱向电熔炉方向跟随移动，冯某将排气棒插入铸型箱，此时，西北侧吊装链上部第7节环链断裂，东北侧下部自制L形挂钩断裂，铸型箱向北倾倒于炉坑，尚未凝固的炉料溢出，致使坑底积水瞬间汽化，产生高温、高速气浪，将滑板车连同站在其上的蒋某、冯某、王某3人向上抛起，而后坠落地面，致使该3人死亡，站在西北侧的蒋某受伤。

事故发生后，该新材料有限公司及时拨打120急救电话，该市急救中心赶赴现场将4名伤亡人员运送至该市中医院急救，3人死亡、1人受伤。

事故发生后，市政府迅速启动应急救援预案，组织开展救治处置工作，抽调专人协调处理死亡人员善后赔偿和伤者治疗事宜。

2. 事故原因

（1）直接原因

西北侧第7节直径为18mm环链两侧焊接，违反环链焊接工艺要求，且焊接处存在严重焊接缺陷；东北侧L形挂钩弯折处焊接，且焊接处存在严重焊接缺陷。吊装环链和L形挂钩断裂是造成事故发生的直接原因。

（2）间接原因

① 该新材料有限公司未明确安全生产责任制各岗位责任人员、责任范围和考核标准，未建立保障安全生产责任制落实的相应机制；未配备安全生产管理人员；未对从业人员进行安全生产教育培训；特种作业人员未经专门的安全作业培训，未取得相应资格即上岗作业；未建立健全生产安全事故隐患排查治理制度；未教育和督促从业人员严格执行安全生产规章制度和安全操作规程。

②　该镇人民政府负责辖区内安全生产检查和专项检查工作，履行安全生产"一岗双责"，抓好企业的安全，严防安全事故发生。未及时发现、制止、上报辖区内该新材料有限公司存在的安全生产隐患，未有效履行安全生产属地管理的职责。

③　该市工商管理和质量技术监督局承担本行政区域内特种设备安全监督管理的职责，负责组织开展特种设备作业人员和管理人员培训工作，依法查处违法行为。未对该新材料有限公司使用特种设备（起重机械）的行为进行监督管理，未依法查处该企业违法违规行为。

④　该市安全生产监督管理局承担全市工矿商贸行业（煤炭生产经营单位除外）安全生产监督管理责任；依法监督检查工矿商贸生产经营单位贯彻执行安全生产法律法规情况及安全生产条件和有关设备（特种设备除外）、材料、劳动防护用品的安全生产管理工作，重大危险源监控及重大事故隐患的整改工作；依法查处不具备安全生产条件的生产经营单位。未及时发现该新材料有限公司存在的事故隐患，未依法查处不具备安全生产条件的生产经营单位。

3. 整改措施

（1）强化企业安全生产主体责任的落实

生产经营单位要从根本上强化安全意识，真正落实企业安全生产法定代表人负责制和安全生产主体责任，坚决贯彻执行安全生产等方面的法律法规，严格执行安全操作规程，改进企业生产工艺，完善规章制度，加强安全教育培训，加强现场安全管理，切实持续改进和提升企业安全生产水平，坚决防止此类事故的发生。

（2）强化特种设备监管部门工作力度

特种设备监管部门要高度重视特种设备安全管理工作，要对使用特种设备企业不定期地进行安全大检查，针对是否制定落实特种设备各项安全管理制度、特种设备是否检验合格并办理使用登记、维护保养是否到位等方面进行检查，发现事故隐患和问题，及时全面地监管使用单位安装、使用、检测、维护特种设备等方面的安全生产工作。

（3）加大安全生产监管部门工作力度

安全生产监督管理部门要依法加强对工矿商贸生产经营单位贯彻执行安全生产法律法规情况及安全生产条件和有关设备（特种设备除外）、材料、劳动防护用品的安全生产管理工作，重大危险源监控及重大事故隐患的整改工作进行监督检查。依法查处不具备安全生产条件的生产经营单位。

（4）落实责任，健全安全监管体制机制

该市人民政府、镇人民政府和有关部门要按照"党政同责、一岗双责""行业主管部门直接监管、安全监管部门综合监管、地方政府属地监管"以及

"三管三必须"的要求，严格落实好"三个责任"。特别要落实好属地管理和行业管理责任，要深刻吸取该新材料有限公司灼烫事故沉痛教训，举一反三，切实加强安全监管，把安全生产纳入地区经济社会发展的总体布局，真正把安全生产责任制和安全生产工作任务措施落到实处，确保安全生产形势持续稳定好转。

[案例二]　某合金材料制造企业灼烫事故

1. 事故概况

2016 年 12 月 22 日凌晨 5 时左右，某县某耐磨合金材料有限公司铸造车间试生产中的中频电炉遇水发生爆炸事故，致铁水沸溢飞溅，造成现场两名工人灼烫伤。经现场人员进行紧急施救，送县人民医院抢救后，即刻转送市医院接着救治，伤者石某，伤势较重，于 2016 年 12 月 23 日 8 时在医院抢救无效死亡；伤者罗某，伤势较前者轻，在医院接受住院治疗。

事故造成直接经济损失 132 万元，其中对死者经济补偿 66.5 万元，伤者治疗及后续治疗费 60 万元（不包括后续补偿），其他费用 5.5 万元；间接经济损失约 40 万元。

事故发生单位：某县某耐磨合金材料有限公司，于 2004 年成立，法定代表人为林某，公司主要生产汽车配件、矿山机械配件及其他设备铸造机加工等，占地面积 35 亩，拥有完整铸造车间、打磨车间、机加工车间，并配套有完善办公楼及工人生活宿舍，注册资本 500 万元。因各种原因，该公司自 2014 年至 2016 年 5 月一直处于停产状态，基于现状，2016 年 7 月经公司股东一致同意，将公司闲置厂房及用于铸造生产的一套化铁炉等（注：包括持有合法铸造的证件）一并租给曾某、朱某（以下简称：承租方）独立自主经营管理，公司不再参与一切生产经营管理活动。

事故发生单位承租方：某县某耐磨合金材料有限公司承租方（以下简称：承租方），曾某、朱某于 2016 年 7 月 12 日与该耐磨合金材料有限公司签订合同，承租了该耐磨合金材料有限公司闲置厂房及用于铸造生产的一套化铁炉等，由承租方独立自主经营管理，承租后，承租方开始从事铸造电梯用重块及其他产品加工，因产品供不应求，其股东一致决定扩大生产（同时曾在塘扩股参股加入），于 2016 年 9 月 7 日与某工业电炉有限公司（以下简称：供货商）签订"工业品买卖合同"，由供货商向承租方提供 KGPS-CL 串联 3.0T/2000kW 0.3kHz/575V 一电一炉液压磁轭中频电炉一套，用于各种钢、铸铁的熔炼。新装一条 3t 中频电炉和半自动化生产线，由供货商指导安装、调试，2016 年 10 月，合同设备开始安装，2016 年 12 月 7 日供货商完成了该设备的安装调试和人员操作培训，但未完成最终的验收。至 2016 年 12 月 22 日事故发生该中频电炉和半自动化生产线为调试期间，未经验收交付使用。

事故发生单位供货商：上述某工业电炉有限公司，成立于 2013 年 7 月 8 日，类型：有限责任公司；法定代表人：彭某；注册资金：300 万元；经营范围：中频电源、中频电炉、工业电气设备及其配件的制造、销售和技术服务等。于 2016 年 9 月 7 日与该耐磨合金材料有限公司承租方签订"工业品买卖合同"和"串联—电—中频电炉技术协议"。该设备于 2016 年 10 月 19 日由供货商在该耐磨合金材料有限公司开始安装，2016 年 12 月 4 日开始静态调试，2016 年 12 月 5 日 18:00 开始烘炉进行调试，至 2016 年 12 月 22 日事故发生该设备一直未经验收交付使用。

2016 年 12 月 22 日凌晨 5 时左右，该耐磨合金材料有限公司铸造车间试生产中的中频电炉遇水发生爆炸事故，致铁水沸溢飞溅，造成现场两名工人灼烫伤。经现场人员进行紧急施救，送县人民医院抢救后，即刻转送市医院接着救治。伤者石某，伤势较重，于 2016 年 12 月 23 日 8 时在医院抢救无效死亡；伤者罗某，伤势较前者轻，在医院接受住院治疗。

事故发生后，该耐磨合金材料有限公司和承租方立即组织现场人员进行紧急施救，做好现场警戒工作，同时第一时间向当地公安消防大队、公安派出所报警，并向工业园区管委、县安监局等有关部门报告相关情况，2016 年 12 月 22 日 8 时县委、县政府、工业园区管委、县安监局等有关部门接报后迅速组织相关人员赶赴现场，认真、有序组织开展了事故应急救援和善后等工作，同时进行现场勘查和取证等，部署事故调查工作，并由工业园区管委协调该耐磨合金材料有限公司做好家属安抚和其他善后工作。

2. 事故原因

（1）直接原因

根据现场调查涉案"中频电炉设备"出现事故前漏电保护装置已被人为断开，电炉的残存炉衬材料，其厚度已非常薄，最薄处只有 9～10mm，相比于捣炉时最初厚度 10～12cm 已耗损了 90% 以上。事发时涉案"中频电炉"的炉衬材料消耗过度，厚度过薄，起不到隔绝铁水和隔热作用，且漏电保护装置无法发挥保护作用，此次中频电炉爆炸事故是由于操作人员没有安全意识，在未做任何检查与防护措施及设备存在重大缺陷的情况下仍冒险生产、违规操作，致使铁水烧穿炉衬耐材、炉壳、线圈及水管，铁水直接与循环冷却水接触是导致中频电炉爆炸的直接原因。

（2）间接原因

① 该耐磨合金材料有限公司承租方存在严重管理缺陷，未建立各项安全生产管理台账、管理制度；未对操作人员进行有效的安全培训，造成操作人员违规操作。

② 该耐磨合金材料有限公司主要责任人（法定代表）林某，未对承包单位、承租单位的安全生产工作统一协调、管理。

③ 该工业电炉有限公司（供货商）在验收交付设备前并未对重要设备的电气门上锁，未能起到有效的控制，导致任何人都可以未经允许随意开启电控柜门而断开漏电保护线路，存在管理不到位问题。

④ 该工业电炉有限公司在设备尚未最终验收交付需方期间，应还属于供方的管理、控制范围，但该公司在获悉电炉漏电报警的情况下，只是口头要求承租方停机检查，而并未及时赶赴现场予以干预，未能及时有效阻止事故的发生，同时该公司对新设备的操作人员安全培训不到位，让操作人员误以为漏炉报警保护功能属于可有可无的功能。

3. 整改措施

为吸取事故教训，防止类似事故的发生，该县采取了如下防范措施：

① 县事故调查小组于 2016 年 12 月 26 日组织了全县各镇分管领导及全县同类行业单位相关人员召开了事故现场警示教育会，要求全县类似企业：一是要认真开展安全生产隐患排查工作，强化安全隐患排查治理的企业主体责任，全面排查和治理安全隐患，把整治隐患与改进安全生产管理相结合，进一步落实安全生产责任制；二是要健全安全生产管理制度，严格按操作规程进行作业，杜绝类似事故的发生；三是要求类似相关企业认真吸取该耐磨合金材料有限公司事故的教训，严防类似事故发生；四是加强全县企业发包、承包、出租承租的监督管理。

② 该耐磨合金材料有限公司要举一反三，认真总结事故教训，并提出如下整改措施：

a. 完善承租、改制或参股管理模式，加强安全管理，建立健全管理制度和操作规程；

b. 严格以落实安全责任制为中心环节，层层抓落实，把安全生产责任落实到班到人，确保各项制度、规程有效执行；

c. 增加厂区内安全生产警示标志，加强对现场作业的安全管理，防止类似事故发生；

d. 加强职工安全教育培训，认真组织职工学习安全生产法律法规和安全生产技术知识，增强安全意识促进企业的安全生产。

➤ [案例三]　某钢铁烧结厂灼烫事故

1. 事故概况

2017 年 9 月 16 日 8 时左右，某市某钢铁有限公司烧结厂发生一起灼烫事故，致该公司烧结厂烧结车间一名职工死亡。

该钢铁有限公司是 2005 年 11 月 15 日在整体收购该市某钢铁有限责任公司及该市某钢铁股份有限公司改制的基础上成立的，为民营钢铁冶炼企业，注册资本 10000 万元，占地面积 62.5hm²。该公司经过十多年不断的技术改造，现主要生产设施有：550m³ 高炉两座（各配有一套 3MW TRT 发电）；126m² 烧结机两台配一套 280m² 环冷机和脱硫系统；900t 混铁炉一座；120t 转炉一座（配有转炉煤气回收 5 万立方米气柜一座）；八机八流连铸生产线一条；轧钢生产线两条；110kV 变电站一座；9MW 富裕煤气发电和 3MW 饱和蒸汽发电各一套；10000m³/h 制氧系统两套。形成年生产能力为 120 万吨铁、126 万吨钢和 150 万吨材的中型钢铁企业。目前全公司员工近 2200 人，其中有各类技术人员近 180 人。公司下设烧结厂、炼铁厂、炼钢厂、轧钢厂、煤管中心、制氧厂、机修厂、车队、水处理中心、安监部、质检部、采购部、销售部、工程部、环保部、能源管理控制中心、办公室。安监部下设生产系统安全督查科、煤气系统安全督查科，公司各生产主体单位（烧结厂、炼铁厂、炼钢厂、轧钢厂）设安全科，其他生产辅助单位设安全管理组或配备专职安全员。

2017 年 9 月 16 日 7 时 58 分 38 秒，该公司烧结厂烧结车间丙班 2 期机尾渡车工陈某打开 2 期推渣矿槽防尘门，对推渣矿槽边缘散落矿料进行清理，清理结束后，7 时 58 分 52 秒关上防尘门，走向台车转运车轨道下方，从废渣料仓人孔（宽 80cm×高 90cm）进入废渣料仓内，背对转运轨道车，在靠近矿槽凹型缺口处，站在废渣料仓筛子箅上，用钢钎对 2 期推渣矿槽格子箅上矿料进行清理，被身后运行来的转运轨道车的起升机构（液压缸及油管）带入 2 期推渣矿槽，右腿卡在矿槽格子箅间。8 时左右，机尾操作工付某在机尾操作室听到有人呼救，发现陈某坐在 2 期推渣矿槽靠近废渣料仓边格子箅上，付某立即启动烧结 2 期紧急停止开关，停止了烧结 2 期系统，并用对讲机向烧结车间中控室报告，接报后，烧结区域工长赵某、付某和烧结车间安全员张某、混料区域工长尹某及甲班员工林某等进入矿槽内进行施救，8 时 10 分左右，将陈某救出，由公司自备救护车于 8 时 40 分送到市第一人民医院急救中心抢救。陈某因全身多处皮肤烧灼脱落导致严重复合伤，呼吸循环衰竭，经抢救无效于 10 时死亡。

2. 事故原因

（1）直接原因

机尾渡车工陈某违反《机尾渡车工安全操作规程》中"进入单辊机检查或处理故障，应切断事故开关，并挂上警示牌，以防伤人，同时确认烧结机停机挂牌"的规定，在未切断开关，烧结机未停机状态下，擅自进入单辊机对推渣矿槽格子箅上矿料进行清理，违章作业，导致事故发生。

（2）间接原因

① 安全教育培训不到位　该钢铁有限公司对新进公司员工开展三级安全教育存在内容不全、课时不足问题，内容也缺乏针对性和现实教育意义，致使员工安全意识淡薄，自觉遵守安全管理规定意识不强。

② 安全管理规定和制度落实不到位　该钢铁有限公司烧结厂制定了《机尾渡车工安全操作规程》，规程对进入单辊机检查或处理故障有明确规定，但由于落实不到位，使致员工"三违"现象时有发生。

③ 企业安全风险辨识不清，安全防护设施设置不全　进入单辊机作业是烧结厂烧结车间的一个安全风险点，虽然烧结厂在进入单辊机的人孔设置了"进入需许可"的警示牌，但未在人孔处设置必要的防范人员进入的措施，致使员工可随意进入。

3. 整改措施

（1）加大职工培训教育力度提高全员安全生产意识

该钢铁有限公司要切实汲取本起及近几年来公司发生的事故教训，针对公司从业人员数量多、流动性大、文化水平低、安全意识薄弱的特点，要严格落实《生产经营单位安全培训规定》（国家安监总局令第 3 号）所要求的岗前培训和"三级"安全教育制度，完善细化已建立的班组安全生产联保互保制度和师傅带徒弟制度，让员工熟练掌握岗位安全操作规程和熟知作业场所存在的危险因素，真正认识到违章作业的危害性和严重性，杜绝"三违"现象发生。

（2）加强风险管理双重预防机制建设

严格按《某市郊区人民政府办公室关于构建"六项机制"强化安全生产风险管控的实施意见》（郊政办〔2017〕36 号）要求，发动全体员工学习并依据省安监局印发的《工贸行业（冶金）安全风险点查找指南》，对所有部位、岗位进行风险点查找，分析易发生事故的类型，落实防范措施，建立完善风险点查找、研判、预警、防范、处置、责任等"六项机制"，提升企业本质安全水平。

（3）全面进行安全隐患排查，增设必要的安全防护设施

认真落实企业安全生产主体责任，切实加强生产现场安全监督管理，要加强对重点部位、关键环节的检查、巡查频次，及时发现和处置安全隐患，及时配备、增设必要的安全防护设施，及时制止职工"三违"行为，严格执行安全生产各项管理制度，落实全员、全方位、全过程的精细化管理，做到人人有安全责任，人人落实安全责任。

[案例四]　某炼钢厂灼烫事故

1. 事故概况

2017 年 11 月 20 日 4 时 20 分，某省某县一特钢有限公司发生一起灼烫事

故，现场死亡 1 人。该特钢有限公司位于该县城西工业园区，成立于 2004 年 5 月，2017 年法定代表人变更为谢某，是一家金属冶炼企业，主要产品为碳结构钢、结构钢、合金结构钢、模具钢和不锈铸钢。公司从业人员 100 人，年产能力 10 万吨。

2017 年 11 月 20 日 4 时 20 分左右，在炼钢炉出钢水作业中，行车工章某为节省操作时间，直接用行车悬空吊着钢包接钢水（离地面有近 2m 的距离），此时行车吊钩的钢丝绳离炉口较近，炼钢炉（炉内有近 20t 的钢水）在倾倒钢水时，钢水喷溅到钢丝绳上导致钢丝绳熔断，钢包掉落侧翻，钢水迅速向外倾泻，形成高温热浪，行车操作工章某来不及躲避被灼烫致死。事故发生后，现场人员立即报告了公司领导，公司相关负责人赶赴现场后立即组织抢救并拨打了 119 火警和 120 急救电话，县消防人员赶到后扑灭了余火并将章某运至地面，医护人员现场确认章某已死亡。

2. 事故原因

（1）直接原因

违章作业是事故的直接原因。章某安全意识不足，为图方便，未按规定先将钢包放置在钢架车上，待钢水倒入钢包后重新起吊转运，而是直接用行车悬空吊住钢包接钢水，导致溅起的钢水将钢丝绳熔断，钢包掉落钢水外溅产生高温将章某灼烫致死。

（2）间接原因

① 安全操作规程不健全　该公司未合理制定各岗位安全操作规程，未根据实际编制钢水吊运安全操作规程，钢包应放置于钢架车接钢水等内容未写入操作规程。

② 现场安全管理不到位　该公司夜班无安全管理人员在岗，对生产现场安全检查巡查不够，致使行车工章某心存侥幸，经常性违章作业行为未能及时纠正。

③ 安全教育培训不到位　该公司组织从业人员安全教育培训流于形式，致使作业人员安全意识淡薄，对违章作业可能导致的严重后果认识不足，对现场发现的违章行为不制止、不报告。

3. 整改措施

① 严格落实企业安全生产主体责任　该公司应明确和细化本企业的安全生产主体责任，建立健全"横向到边、纵向到底"安全生产责任体系，切实把安全生产责任落实到生产经营的每个环节、每个岗位和每名员工，其主要负责人要对落实本单位安全生产主体责任全面负责。

② 建立健全并落实安全管理规章制度　该公司应完善安全生产管理机构，配齐专职安全生产管理人员，制定完善并严格落实安全教育培训、隐患排查治理

等各项安全生产管理制度，合理制定各岗位安全操作规程。

③ 加强作业现场安全管理　该公司应加强作业现场安全监管，落实安全生产日常安全检查巡查制度，加大"三违"行为查处力度，杜绝违章作业行为。

④ 加大隐患排查整治力度　该公司要开展好安全隐患排查整治工作，立即开展安全整治，梳理各岗位安全操作规程，对岗位进行有害因素辨识，深入排查事故隐患，确保整改落实到位。

第三节　工业灼烫事故启示录

1. 事故教训

通过对典型事故案例的统计分析，引发工业灼烫事故的主要原因通常包括：

① 操作人员站位不当接触高温汽水，被高温汽水烫伤。

② 带电作业产生的电弧。高压触电时，两电极之间的温度可高达 $1000\sim4000℃$，接触处可造成严重的烧伤。

③ 明火作业时不慎烧伤。

④ 腐蚀性危险化学品意外与人接触时烧伤。

⑤ 不安全装束。高温作业人员穿着化纤衣物；接触高温时衣物着火烧伤。

⑥ 其他物理性和化学性灼烫。包括蒸汽的突然泄漏与可燃性气体的突然燃烧等造成的灼烫伤。

烫伤事故发生后，紧急处置时注意事项：

① 不管是烧伤或烫伤，创面严禁用红汞、碘酒、酱油等涂抹。如烫伤或烧伤严重，不可使用烫伤药膏或其他油剂，不可刺穿水疱。

② 烫伤处理要点：立即冷却患部，避免患部受到感染，立即接受适当治疗。当然，如果烫伤范围广，则需立刻叫救护车紧急送医。

2. 对策建议

① 高温作业岗位人员应严格执行安全技术操作规程，远离危险区域；严格遵守化学危险品安全技术操作规程，正确使用工具，严禁违章操作。

② 佩戴和使用劳动防护用品，包括长袖工作服、防护面罩、护目镜、耐酸橡胶手套和耐酸防护鞋，带电作业时必须采取保证安全的技术措施，如穿戴好绝缘服和防弧面罩等，提高从业人员的自我保护意识。

③ 及时查出现场设备安全隐患，加强对腐蚀性危险化学品等容器的日常检查，及时淘汰不合格的储存装置。在工作中，对于发现的一些似乎无关紧要的不正常情况，往往存在侥幸和"等等看"的错误思想认识。对于一些隐患，尤其是细微隐患，在日常工作中一定要提高超前防范的安全意识。

④ 强化高温危险源的辨识工作，制定可靠的作业指导书；加强培训，了解危险因素特性，认真学习公司制定的事故应急处理预案；要积极配合开展有针对性的应急演练，做到遇险不乱，处变不惊，应付自如，防止事故扩大，减少个人、公司损失，掌握应急预防和处理措施，提高从业人员面对突发事件的应急处置能力。

第八章
工业可燃气体爆炸事故典型案例分析

第一节　基础知识

一、可燃气体爆炸基本概念

可燃气体爆炸是可燃气体在空气中迅速燃烧引起压力急骤升高的过程，是一种极为迅速的化学能量释放。在此过程中，空间内的气体以极快的速度把其内部所含有的能量释放出来，转变成机械能、光和热等能量形态。所以一旦失控，发生爆炸事故，就会产生巨大的破坏作用，气体爆炸发生破坏作用的根本原因是在爆炸瞬间生成的高温高压气体。爆炸体系和它周围的介质之间发生急剧的压力突变是爆炸的最重要特征，这种压力差的急剧变化是产生爆炸破坏作用的直接原因。

二、可燃气体爆炸条件

可燃气体发生爆炸，须满足三个基本条件：

① 有合适浓度的可燃气体　每种燃料气体在氧气或空气中，都有一个可以发生爆炸的浓度范围。这个浓度范围称为爆炸极限。超出气体爆炸极限，即使用很强的点火源也不能激发爆炸。

② 有合适浓度的助燃气体　通常爆炸都离不开氧气或空气作为助燃气，而氧气的浓度实际上是与可燃气浓度相对应的，过高或过低都不能发生爆炸。

③ 有足够能量的点火源　每种气体都有一个最低点火能量，当点火能量低于这个值时就不会发生爆炸。

三、可燃气体爆炸参数

表征气体爆炸特征的参数主要有火焰速度、燃烧速度、火焰温度、爆炸压力、爆炸压力上升速率等。

（1）火焰速度和燃烧速度

火焰相对于前方已扰动气体的运动速度叫燃烧速度，它与反应物质有关，是反应物质的特征量。常温常压下的层流燃烧速度叫标准层流速度或基本燃烧速度。大量实验证明，燃料与纯氧混合物的基本燃烧速度比燃料与空气混合物的基本燃烧速度高一个数量级，如甲烷/氧气混合物的基本燃烧速度为 4.5m/s，而甲烷/空气混合物的基本燃烧速度则只有 0.4m/s。

火焰速度是火焰相对于静止坐标系的速度，它不是燃料的特征量，而是取决于火焰阵面前气流的扰动情况。由于火焰传播的不稳定性，火焰速度测定易受各种条件的影响。例如，气体流动中的耗散性、界面效应、管壁摩擦、密度差、重力作用、障碍物绕流及射流效应等可能引起湍流和旋涡，使火焰不稳定，其表面变得褶皱不平，从而增大火焰面积、体积和燃烧速率，增强爆炸破坏效应。在某些条件下燃烧可转变为爆轰，达到最大破坏效果。

（2）火焰温度

火焰温度与燃烧条件有关，燃料特性、混合比、散热条件、约束条件等对其都有重要影响。所以一般采用绝热燃烧温度来衡量燃烧特性。如果燃烧反应所放出的热量未传到外界，而全部用来加热燃烧产物，使其温度升高，则这种燃烧称为绝热燃烧。在不计离解作用的条件下，绝热燃烧所能达到的温度最高，这一温度称为理论燃烧火焰温度。若绝热燃烧是在定压条件下进行的，则燃烧火焰温度称为定压理论火焰温度；若绝热燃烧是在定容条件下进行的，则燃烧火焰温度称为定容理论火焰温度。

（3）爆炸强度

衡量爆炸强度的指标主要有爆炸压力、爆炸压力上升速率和爆炸指数。最大爆炸压力是爆炸过程中的最高压力，最大爆炸压力上升速率为压力-时间曲线上升段拐点处的切线斜率，爆炸指数是指最大爆炸升压速率与爆炸容器容积的立方根的乘积。

（4）最大试验安全间隙

最大试验安全间隙（MESG）是在规定的标准实验条件下（例如国家标准 GB/T 3836.11、国际标准 IEC 79-1A）壳内所有浓度的被试气体或蒸气与空气的混合物点燃后，通过 25mm 长的接合面均不能点燃壳外爆炸性气体混合物的外壳空腔两部分之间的最大间隙。

试验是在常温常压（20℃、100kPa）条件下进行。将一个具有规定容积、规定的隔爆接合面长度 L 和可调间隙 g 的标准外壳置于试验箱内，并在标准外壳与试验箱内同时充以已知的相同浓度的爆炸性气体混合物，然后点燃标准外壳内部的混合物，通过箱体上的观察窗观测标准外壳外部的混合物是否被点燃爆炸。通过调整标准外壳的间隙和改变混合物的浓度，找出在任何浓度下都不发生传爆现象的最大间隙，该间隙就是所需要测定的最大试验安全间隙。

第二节 典型案例分析

◤ [案例一] 某陶瓷公司煤气爆炸事故

1. 事故概况

2016 年 1 月 17 日上午 9 时左右，某公司煤气站风冷器检修时发生煤气爆炸较大事故，造成 3 人死亡、3 人受伤，直接经济损失 245 万元。

2016 年 1 月 15 日上午 7 时左右煤气炉停工，准备由外聘的专业公司对设备进行检修和清洗；当天下午 4 时左右，煤气站长欧某召集煤气站全体员工开会，安排李某、文某、郭某、胡某、肖某 6 人在 17 日上午拆风冷器上面的盲板。17 日 9 时左右，在停炉时间过短（仅 2 天）且系统内温度还有 200 多摄氏度，以及没有完全置换和吹扫风冷器内部残留的煤气并进行浓度测定的情况下，文某、欧某在平台上用电动风炮机和手动扳手拆开风冷器第一块盲板后，空气渗入与风冷器内部残余煤气形成爆炸性混合气体，在拆卸风冷器第二块端盖盲板螺栓的过程中，使用电动风炮机和铁制扳手敲击、摩擦、碰撞产生的火花引爆风冷器内部爆炸性混合气体，导致爆炸事故发生（发生爆炸时，李某、文某用电动风炮机和手动扳手下螺栓，文某把下掉的螺栓取出来扔到地下，胡某把扔到地下的螺栓、螺母捡起来放进塑料桶内，郭某往风冷器其他螺栓上涂防锈漆，肖某在远处巡视），风冷器出气箱顶盖及部分箱体开放性掀开，造成在风冷器顶盖拆卸作业人员 3 人死亡、3 人受伤。

2. 事故原因

（1）直接原因

该公司煤气站员工在拆卸风冷器顶部盲板过程中，严重违反《工业企业煤气安全规程》（GB 6222—2005）标准规定的关于风冷器维修必须遵循的操作程序和步骤，在停炉时间过短（仅 2 天）且系统内温度还有 200 多摄氏度，以及没有完全置换和吹扫风冷器内部残留的煤气并进行浓度测定的情况下，拆开风冷器第一块盲板后，空气渗入与风冷器内部残余煤气形成爆炸性混合气体，在拆卸风冷器第二块盲板螺栓的过程中，又违反规程使用电动风炮机和铁制扳手敲击、摩擦、碰撞产生火花，引爆风冷器内部爆炸性混合气体，导致爆炸事故发生。

（2）间接原因

① 煤气站站长违章指挥　公司煤气站站长欧某严重违反《工业企业煤气安全规程》（GB 6222—2005）煤气设施操作与检修规定，明知其本人不知道煤气炉检修的操作规则，对煤气炉进行检修需要有资质的专业机构和专业人员才能操作，也知道煤气站的工人不具备煤气炉检修能力，且在未制定检维修作业方案和

安全措施的情况下，违章指挥煤气站工人对煤气站风冷器进行检维修作业。

② 企业安全管理不到位　公司主要负责人对煤气站检修安全工作重视不够，董事长潘某对煤气站的检维修安全生产工作疏于管理，对站长欧某是否具备检维修能力不过问，对公司近年来由煤气站站长安排普通工人搞机修情况明知不符合有关安全生产要求，但仍听之任之。厂长罗某（同时负责全厂安全生产工作）对聘请欧某任煤气站站长把关不严，不认真审核其是否具备煤气站安全生产管理能力和知识；对欧某停炉 2 天后就组织开盖安排没有认真组织研究；对欧某安排进行检维修的工人，明知他们年龄较大、是普通的工人、缺乏检维修能力，却没有制止；对欧某提出的配备煤气炉机修工、仪表察看员和气体浓度检测员工作人员的建议，不重视、不落实。

③ 企业培训教育不到位　公司对煤气站从业人员进行与其所从事岗位相应的安全教育培训不到位，煤气站从业人员不了解、不知晓检维修和岗位安全操作技能和风险防控；无开展安全生产教育培训和考核结果记录。

④ 工业园区属地安全监管责任落实不到位　该区党工委委员邓某、安监站站长周某、安监员张某对检查中发现的该公司煤气站从业人员未经安全知识教育和技术操作培训并经考试合格上岗的问题，督促整改落实不力，属地监督管理不到位。

⑤ 县安监局安全监管责任落实不到位　县安监局作为县级人民政府负责安全生产监督管理职责的部门，对公司无从业人员安全知识教育和技术操作培训计划并经考核合格上岗的问题，督促整改落实不力，监督管理不到位。

3. 整改措施

① 进一步落实企业主体责任　该公司要进一步落实企业安全生产主体责任，严格落实安全生产各项管理制度，生产过程中要严格落实各项操作规程；进一步加大设备设施检修安全管理力度，确保设备设施检修安全；加强对各生产线安全生产行为的监督管理，督促全面开展安全隐患排查和治理工作；加大安全教育和培训力度，全面提高从业人员安全素质。

② 进一步落实属地监管责任　该区要进一步落实属地管理责任，切实加强对工业园陶瓷生产企业及其他企业的安全监管，督促各生产企业制定并严格落实安全生产各项管理制度和各项安全操作规程，确保生产安全。

③ 进一步落实部门监管责任　要规范行业管理部门的安全监管职责，特别是涉及多个部门监管的行业领域，按照"管行业必须管安全"的要求，明确、细化安全监管职责分工，消除责任死角和盲区。县经信委、安监局等有关部门要切实加强对全县陶瓷生产企业等工贸行业的安全监管，督促企业制定并严格落实安全生产各项管理制度和安全操作规程，确保生产安全。

④ 进一步强化工作措施　该县委、县政府、工业园区和有关部门牢固树

立安全发展理念，建立健全"党政同责、一岗双责、齐抓共管"的安全生产责任体系，落实属地监管，实现责任体系"五级五覆盖"。要举一反三，深刻吸取事故教训，要督促企业落实安全生产主体责任，做到安全责任到位、安全投入到位、安全培训到位、安全管理到位、应急救援到位，坚决杜绝此类事故发生。

［案例二］　某机械制造企业爆炸事故

1. 事故概况

2014 年 12 月 31 日 9 时 28 分许，某工程机械制造有限公司（以下简称该公司）车间三的车轴装配车间发生重大爆炸事故，造成 18 人死亡、32 人受伤，直接经济损失 3786 万元。

事故厂房为该公司新厂车间三（简称车间三），于 2012 年 1 月中旬动工建设，2014 年 3 月初基本完工，2014 年 5 月底投入筹备使用，为钢架结构，人字形屋顶，墙体、屋顶由压型钢板构成。车间三东西长 740m，南北宽 72m，屋顶最高点为 11.5m，建筑面积 53244m²。车间三内的钢结构钢柱东西走向共有四排，从北到南依次为 A、D、G、K 排；钢柱南北向共有 87 列，编号从东到西依次为 1~87 号。车间三从东向西依次为储物仓库和车轴装配车间、轴机加焊接车间、热轧热处理车间。车间三由均布于屋面的屋顶风机排风，侧墙低窗自然通风；火灾危险性设计分类为戊类，耐火等级为二级。车间三工程设计、施工、监理单位均具有相应资质。车间三主要从事挂车轴生产加工，生产工艺由企业自行设计，工艺流程大致为：热挤压→调质处理（步进炉）→打砂（喷丸）喷漆→机加工→焊接→轴体清洗（自动线）→装凸轮轴总成（流水线）→喷漆（自动线）→总装线（流水线）→成品。车间三主要原材料为钢板；主要设备为轮毂制动鼓装配线、油缸、液压系统、电动前移叉车、油压机、数控焊后镗等。

2014 年 12 月 31 日，在建设试生产期间的车间三车轴装配车间停产。车间主任杜某通知部分员工到车间进行盘点和维护检修改造设备，并安排使用稀释剂053（易燃易爆物品；经检测，密度 0.86g/cm³，闪点－26℃，爆炸极限0.9%~7.5%，主要成分及含量分别为甲缩醛 33.3%、三甲苯 17.5%、甲醇 12.94%、1-甲氧基-2-丙醇 10.9%、乙酸丁酯 8.3% 等，平时作为车间三喷漆工序调漆用）清除车轴装配总线表面油漆。7 时 30 分起，87 名员工陆续上班开始工作。其间，24 人在装配 A、B 线两侧使用稀释剂 053 清洁作业；3 人在装配 A 线附近切割作业；5 人准备在装配 B 线附近烧焊作业；其他人员分别在盘点、划地面标识线、维护检修改造设备等；A 线使用稀释剂 053 约 165kg，B 线使用稀释剂 053 约150kg，清洁过程中稀释剂 053 流入到车轴总装线的地沟内，挥发后与空气混合直至到达最低爆炸浓度。9 时 28 分许，梁某等人在装配 B 线 17 号钢柱对应的钢构设备支架上安装卷管器，使用电焊机烧焊，电焊熔渣掉落至装配 B 线地沟内引发爆炸，随后装配 A 线地沟区域也发生爆炸。事故车间严重损毁，爆炸部位面积约 $1298m^2$，屋顶坍塌面积约 $600m^2$。事故当场造成 17 人死亡、33 人受伤（其中 1 人因伤势过重，经抢救无效于 2015 年 1 月 2 日傍晚死亡）。

2. 事故原因

（1）直接原因

事故车间流入车轴装配总线地沟内的稀释剂挥发产生的可燃气体与空气混合形成爆炸性混合物，遇现场电焊作业产生的火花引发爆炸。

（2）间接原因

1）该公司安全管理不到位，安全生产主体责任不落实

① 不具备安全生产条件，违法从事生产经营活动。发生事故的厂房未组织建设工程竣工验收、消防验收，未申请环境保护竣工验收，未履行建设项目安全设施"三同时"程序，擅自使用、从事生产经营活动。

② 组织工人在不经安全验收的车间使用易燃易爆物品清洗生产设备和地面，并且未采取可靠的安全措施。

③ 在未办理审批手续、未清除动火现场易燃易爆物品前，在易燃易爆场所违规组织动火作业。

④ 未制定动火作业、易燃易爆物品使用等危险作业专门的安全管理制度。

⑤ 未在电焊作业场所、易燃易爆危险作业场所设置明显的安全警示和标志、标识，未告知从业人员关于电焊作业、使用易燃易爆物品存在的危险因素、防范措施及事故应急措施。

⑥ 安全生产、消防安全教育培训不到位。未落实从业人员安全生产三级培训、消防安全教育培训；主要负责人和安全生产管理人员不具备与本单位所从事的生产经营活动相应的防火等安全生产知识和管理能力；电焊作业人员未经专门培训考核合格依法持证上岗。

⑦ 未依法建立隐患排查治理制度，未依法组织安全检查和开展日常或专业性等隐患排查，未能及时发现并消除事故隐患。

⑧ 未依法设置安全生产管理机构或配备专职安全生产管理人员；落实安全生产及消防安全责任制不到位，未明确各岗位的责任人员、责任范围和考核标准等内容。

2）市场监督管理部门（安全监管）履职不力

该区市场监管局作为辖区安全生产综合监管协调部门，对指导督促各镇街、村居和有关职能部门开展安全生产隐患排查和执法检查工作力度不足。特别是该区市场监管局某分局通过签订责任书等方式，将安全生产日常巡查监管职能转移给不具备任何监管和执法资格的村居，造成对事发企业易燃易爆物品的储存和使

用监管、特种作业人员持证上岗监督、对企业主要负责人和安全生产管理人员进行安全生产培训等事实上玩忽职守、流于形式。部分公职人员在事故发生后还授意相关人员在《某区基层安全监督检查表》（三份）上弄虚作假并知情不报，严重干扰和影响事故调查。

3）国土城建和水利部门（城市建设）履职监管不到位

该区国土城建和水利局对辖区内未完成竣工验收备案工作的监督、巡查不到位，对下级工作开展情况监督、检查力度不足，没能及时发现、制止和处罚该公司违规使用建筑物行为。该街道国土城建和水利局对该公司违规使用厂房进行生产的情况失察，没有及时制止和处罚。

4）公安消防部门日常巡查不细致，消防安全宣传培训力度不足

该区公安局防火大队和公安消防大队在开展消防安全监督检查和消防安全宣传以及指导、督促下级和有关单位做好消防安全教育培训工作方面有待改进。

5）环境运输和城市管理部门（环保）履职不到位

该区环境运输和城市管理局没有对该公司污染源情况进行过在线监控、检查和执法，对该公司厂房没有申请环保验收就投入试生产使用问题失察。该分局对该公司环保违法问题监督、检查不到位，没有及时发现和上报有关情况。

6）人力资源和社会保障部门（劳动监察）监督指导工作不力

该街道人力资源和社会保障局在指导、督促该公司积极配合社会保险执法检查、劳动合同管理、有毒有害企业检查报告等劳动监察工作方面力度不足。

7）该区、该街道、该村村委会落实安全生产责任制不到位

协调、指导有关职能部门履行安全生产职责不力，对安全生产属地管理和行业主管部门履行安全生产责任不到位等问题失察，对事发企业安全生产监督检查流于形式。

3. 整改措施

（1）落实生产经营单位安全生产主体责任

该公司及同类机械装备制造业企业要把保护从业人员的生命安全放在首位，决不能以牺牲员工的生命为代价换取经济效益；要按照法律法规的规定，认真落实建设项目工程质量、环境保护、消防安全以及安全生产等相关法律法规规定，依法依规建设和投入使用；要设置安全生产管理机构，或者依法配备专兼职安全管理人员，明确安全生产工作职责；要建立健全以安全生产责任制为核心的各项规章制度和各岗位操作规程，并保证落实；要开展事故风险分析，按规定设置风险公告栏、公告卡、安全标志、安全操作要点等内容，及时更新并建立档案管理制度，制定应急预案并组织演练，做好应急准备；要加强岗位和设备、设施及其运行的安全检查，发现隐患应当停止操作并采取有效措施解决，坚决防范违章指挥、违规作业、违反劳动纪律的行为；要把安全生产"一岗双责"制度落实到生

产、经营、建设管理的全过程，做到安全投入到位、安全培训到位、基础管理到位、应急救援到位，确保安全生产。

（2）加强企业检维修作业、停产复产和易燃易爆物品使用管理

该公司及同类机械装备制造业企业要严格落实节日停产检修和复产验收安全制度，认真规范动火、用电、高处作业、吊装等特种作业安全条件和审批程序；要做好设备设施的清理处置和维护保养，全面检查或清空停产有关装置、设备设施及管道内的危险物料。各类易燃易爆物品使用单位的建筑和场所必须符合《建筑设计防火规范》等有关规定，电气设备必须符合防爆标准，生产设备与装置必须设置消防安全设施并定期保养，易产生静电的生产设备与装置必须设置静电导除设施并定期检查，从业人员必须经培训合格后上岗；要根据易燃易爆物品的种类、危险特性以及使用量和使用方式，严格控制和消除可燃物、着火源，落实预防措施，保证易燃易爆物品储存、使用安全；要加强动火作业的现场监护，落实动火作业各责任人的职责和防火防爆措施，严禁在易燃易爆环境下违规动火作业。

（3）强化政府安全生产监管工作

各地特别是该区各级党委、政府及其有关部门要深刻吸取事故教训，牢固树立安全发展理念，始终把人民群众生命安全放在第一位，正确处理安全与发展、速度的关系，建立健全安全生产责任体系，坚守安全生产红线，增强底线思维，切实抓好安全生产工作，做到党政同责、一岗双责、齐抓共管；要建立与本地区安全监管任务相适应的监管体系，进一步加强各级安全监管执法力量，解决基层安全监管人员配备不足、工作能力不强等问题；要把好准入和监督关，加强建设项目工程质量、环境保护、消防安全以及安全生产等方面的审批、核准、验收、备案等；要科学制定本地区、本部门重点监管单位名录，做到分级负责、分类督导，依法切实履行本地区、本部门安全监管职责，杜绝以下放、委托、取消等方式"一放了之"，造成监管不落实的现象；要建立并落实依靠专家查隐患、促整改工作制度，通过政府向有实力的社会组织购买服务等方式，加强对生产经营单位关键部位、危险作业场所等督查检查，督促其采取有效措施消除事故隐患，确保隐患排查治理工作取得实效。

（4）严厉打击工程建设等各类非法违法行为

各地特别是该区各级党委、政府及其有关部门要针对本地区打非治违工作中存在的突出问题，依法严厉打击各类生产经营单位未批准先动工以及未履行竣工验收程序擅自交付使用试生产的行为，坚决遏制"先上车后补票"甚至"不补票"的情况发生；严肃查处安全生产责任制不落实、安全生产和消防安全规章制度不健全、从业人员未经培训合格上岗和需持证人员无证上岗、操作规程不完善、现场安全管理混乱、违章指挥、违规作业、违规使用易燃易爆物品等各类非法违法行为，特别要严厉打击焊工、电工等特种作业人员无证上岗作业行为，规

范安全生产法治秩序；要严格落实停产整顿、关闭取缔、上限处罚和严厉追责的"四个一律"执法措施，集中整顿一批、处罚一批、停产一批、取缔一批典型非法违法企业；要加大事故责任追究力度，依法严惩非法违法生产经营建设行为导致事故发生的责任单位及责任人。

（5）加强安全教育培训工作

该公司及同类机械装备制造业企业必须牢固树立"安全培训不到位就是重大隐患"的理念，切实做到员工未培训到位不能生产经营；要全面落实持证上岗和先培训后上岗制度，实现"三项岗位"人员100％持证上岗，以班组长、新员工为重点的企业从业人员100％培训合格后上岗；要强化实际操作和现场安全培训，加强特种作业人员管理，未经培训和取得特种作业操作资格证的，不得上岗作业，切实提高各类员工尤其是危险工序关键岗位员工的安全意识和操作技能。该区委、区政府及其有关部门要加强安全生产培训教育，对本地区各类生产经营单位及各级党委、政府领导班子及各有关部门工作人员开展全面的安全生产能力培训，做到"全覆盖"；要采取多种形式普及安全生产法律、法规和安全生产知识，开展群众性安全生产知识培训宣传；新闻、出版、广播、电视等单位要加强安全生产公益宣传，不断提高全民安全素质，从源头和根本上减少各类事故的发生。

［案例三］　某陶瓷公司爆炸事故

1. 事故概况

2014 年 10 月 29 日 23 时许，某公司煤气发生站风冷器检修时发生爆炸，造成徐某当场死亡、杨某经抢救无效死亡、其他 3 人受伤的一般生产安全事故。

2014 年 10 月 29 日 18 时许，该公司煤气站主炉在烧煤过程中，炉裙炉板烧红后出现破洞，无法正常生产，该公司董事长吴某通过电话通知安装公司负责人解某，要求公司派人来厂修补炉裙。18 时 30 分许，该公司煤气站站长郑某安排工人完成了停炉热备工作，把停炉后继续产生的煤气通过煤气站的放散管直接向大气排放，之后未制定任何检维修方案。19 时许，因解某出差在外，无法亲自前来，就电话指派安装维修队长杜某带 3 名专业人员到公司煤气站现场进行炉裙修补。21 时 30 分许，杜某等 4 人到达该公司煤气站现场，先观察炉裙损坏情况后，安排 3 名技术人员对炉裙炉板进行电焊（炉裙位于煤气站一楼，风冷器位于二楼，二者距离约 30m）；由于风冷器管道存在粉尘堵塞，郑某带领杜某到二楼观察风冷器堵塞情况。21 时 40 分许，杜某通知该公司，要求该公司派人协助做好风冷器检修前期准备工作，并亲自操作拆开风冷器顶盖五六个螺栓后，指挥该公司工人按照其方法把风冷器顶盖拆开，让风冷器内煤气自然散发，然后他们再进行粉尘清理疏通工作。该公司工人按照杜队长的吩咐，开始进行风冷器顶盖螺栓松卸工序。因顶盖螺栓不好打开，工人便使用铁质扳手和铁锤等工具敲击拆卸。23时许，风冷器第二个顶盖拆卸作业进行中，风冷器发生爆炸，风冷器出气箱顶盖及部分箱体开放性掀开，造成在风冷器顶盖拆卸作业人员伤亡和设备的损坏，爆炸共造成风冷器顶盖上和维修操作平台上作业人员 1 人当场死亡、1 人因抢救无效死亡、3 人受伤。

2. 事故原因

（1）直接原因

经现场勘查、调查取证和专家论证，认定事故直接原因是：煤气是一种甲类易爆危险有毒气体，其主要成分是可燃有毒气体一氧化碳，具有很大的爆炸和中毒危险性。公司员工在拆卸风冷器顶部盖板过程中，未按维修前操作要求做好准备工作，包括隔断、吹扫、置换、氧气和一氧化碳残余浓度测定等，直接使用铁制工具拆卸作业。

风冷器第一块盖板拆开后，空气渗入与风冷器内部残余煤气形成爆炸混合气体。螺栓生锈，难于拆卸，该公司员工在拆卸风冷器第二块盖板螺栓的过程中，使用铁质扳手、铁锤敲击、摩擦、碰撞等原因产生火花，引爆风冷器内部爆炸混合气体，导致混合气体爆炸事故的发生，是造成这起事故的直接原因。

① 安装维修队长杜某，在该公司煤气站风冷器维修过程中严重违反国家标准《工业企业煤气安全规程》（GB 6222—2005）规定的关于风冷器维修必须遵循的操作程序和步骤，在没有明确进行有效隔离，并置换和吹扫风冷器内部残留的易燃易爆煤气和进行一氧化碳等可燃和有毒气体残余浓度测定的情况下违章指挥作业，是造成事故发生的直接原因之一。

② 该公司机修工徐某，在煤气站风冷器维修过程中严重违反国家标准《工业企业煤气安全规程》（GB 6222—2005）规定的关于风冷器维修必须遵循的操作程序和步骤，未使用不发火星工具进行维修，是造成事故发生的直接原因之一。

（2）间接原因

① 安装公司安全生产主体责任落实不到位。该公司允许个人（解某）使用公司的资质证书、营业执照，以该公司的名义承揽该公司煤气站安装维修工程，以包代管，企业安全生产责任制和安全管理制度不落实。在对该公司煤气站风冷器维修过程中未签订维修安全管理协议，未研究制定检修作业方案和采取必要的安全防护措施，没有按照国家标准《工业企业煤气安全规程》（GB 6222—2005）规定的关于风冷器维修必须遵循的操作程序和步骤，致使安装维修队长杜某违章指挥、违规操作是导致这起事故发生的间接原因之一。

② 该公司安全生产主体责任落实不到位，未制定检修作业方案和采取必要的安全防护措施，未组织制定煤气发生炉的安全生产规章制度和操作规程，未及

时发现和制止工人的违规行为，而是配合安装公司进行维修，其过错行为与本事故发生有间接因果关系，是导致这起事故发生的间接原因之一。

③ 该镇政府在安全生产检查过程中，对该公司煤气发生炉中的特种设备未办理使用登记证、公司主要负责人及安全员无考取安全资格证等监管措施落实不到位，安全责任意识不够，把关不严任用临时人员担任镇安办安全员，安全生产监管不到位。

④ 县城乡规划建设局主动服务工业企业意识不够，对全县建材行业管理不到位。

⑤ 县安监局对该公司特种设备无证、公司主要负责人、安全员资格考核排查及落实整改不到位。

3. 整改措施

① 该公司要进一步落实企业安全生产主体责任，严格落实安全生产各项管理制度，生产过程中要严格落实各项操作规程；进一步加大设备设施检修安全监管力度，确保设备设施检修安全；加强对承包单位资质审查和各生产车间安全生产行为的监督管理检查，督促承包单位和各生产车间全面开展安全隐患排查和治理工作。

② 该镇人民政府要进一步落实属地管理责任，切实加强对各陶瓷生产企业及其他企业的安全监管，督促各生产企业制定并严格落实安全生产各项管理制度和各项安全操作规程，确保生产安全。

③ 县城乡规划建设局和有关部门要切实加强对全县各陶瓷生产企业的安全监管，督促各陶瓷生产企业制定并严格落实安全生产各项管理制度和安全操作规程，确保生产安全。

④ 各乡（镇）人民政府、该经济开发区要举一反三，认真吸取事故教训，加大企业安全生产主体责任落实力度，加强隐患排查治理，全面落实安全生产责任制和各项规章制度，坚决杜绝此类事故发生。

◎ [案例四]　某沥青混凝土公司爆炸事故

1. 事故概况

2016 年 4 月 23 日，某沥青混凝土公司发生一起较大爆炸火灾事故，造成 4 人死亡、1 人受伤，直接经济损失 797 万元。

该公司因生产需要，决定用 2 个新的立式柴油罐（容积分别为 28.9m³ 和 24.5m³，以下分别简称 2 号罐和 3 号罐）替换原有的生产用燃料柴油罐（实际储存柴油约 7t，8.3m³，以下简称 1 号罐）。2016 年 4 月 23 日，该公司生产主管黄某安排工人进行柴油罐更换工作。至当天 13 时左右，现场已安装好 2 号罐，并开始将 1 号罐内的柴油通过潜水泵抽到 2 号罐中。15 时，现场作业人员开始用吊机及铲车将 1 号罐运出作业现场。15 时 10 分，现场作业人员开始吊装 3 号罐。之后，维修工黄某在其他人员的配合下，开始用电焊机进行管道焊接及其他工作。17 时左右，部分工人正常下班，留下 3 人继续加班工作，并在此期间使用电焊作业。至 18 时 01 分，突发爆炸，引发大火，造成现场作业的 3 人及前去帮忙的地磅工李某共 4 人死亡（尸检报告显示 4 人均"符合生前烧死"），附近的保安黄某受伤，车间厂房损坏，车间内的导热油炉（锅炉）、沥青摊布车、卧式沥青罐等设备严重受损，2 号罐罐体被炸飞 71m，坠落至南侧相邻的水电灰砂砖厂内。

2. 事故原因

该公司生产主管黄某违规指挥不具备电焊作业操作资格的黄某在柴油储罐顶部进行电焊作业，其间电焊火花飞溅进入相邻储存有柴油的储罐内部，致使柴油罐内爆炸性混合气体发生爆炸，并引发现场可燃物燃烧。

3. 整改措施

全市各级、各部门要深刻吸取事故教训，严格落实安全生产"党政同责、一岗双责、失职追责"制度，采取有效措施，全面落实《某市防范遏制重特大事故工作方案》要求，切实加强改进安全监管工作。

① 坚持安全发展，强化责任落实　要继续加强责任和工作压力传导，拧紧螺栓、上紧发条、开动机器，真正把安全生产责任落实到位、压力传导到位、工作贯彻到位。一方面，要严格落实安全生产责任制。严格实行"党政同责、一岗双责、失职追责"制度，各级党政领导干部要带头严格落实安全生产责任制，要进一步明确村居委、经联社的安全管理职责，强化属地管理特别是村居工业区管理工作。另一方面，不断强化安全生产综合监管和行业监管。进一步理顺行业监管和综合监管的关系，通过将安全生产职责写入部门"三定"方案、出台综合监管实施意见等举措，依法界定专业监管，实行安全生产责任"清单化"管理，建立常态化考核机制和监督检查机制，确保"三个必须"贯彻到位。

② 以村级工业区综合整治提升为契机，深化完善安全生产"网格化"监管　近年来，与爆炸火灾事故类似的村级工业区事故多发、频发，集中暴露出村级工业区普遍存在的硬件基础差、管理缺位、隐患排查治理走过场等问题，充分反映本市安全生产管理特别是末端、末梢管理仍存在"盲区"和政令不畅通、责任不到位等"阻梗"问题。各级、各部门要根据全市的统一部署，利用 3 年时间完成村级工业区安全生产综合整治提升工作。通过专职安全员组建工作，把片区、村居网格员队伍搭建起来，发挥这支队伍在企业日常安全巡查、事故先期处置、信息上报和政令下达等工作方面的积极作用，健全网格化监管机制，做实做精"网格化"，切实解决监管"盲区"，堵塞监管"漏洞"。

各级、各部门要深刻吸取事故教训，进一步加强行政区域边界勘定、划分和管理工作，片区、村居安全员对位于交界位置的企业要逐一排查建档，逐一明确管理权限，对存在管辖争议的区域，应上报其共同上级裁决，坚决杜绝因行政区划不明确而产生的监管不到位并导致事故发生的同类现象。确保实现市长在全市二季度会议上提出的"网住隐患，网出安全"的目标。

③ 重点加强易燃易爆物品和危化品安全监管，坚决遏制较大以上事故　要在全市范围内继续深化专项整治督查，对全市易燃易爆物品和危化品等容易造成群死群伤的风险领域、环节、场所进行全面摸排评估、逐一入账，从源头上消除隐患。要加强和完善各类成品油油库等重大危险源的监控和管理，保证大型储罐安全有效性。

④ 以严格执行安全管理制度推动企业落实安全生产主体责任　各类企业必须遵守国家法律法规，把保护职工的生命安全与职业健康放在首位，建立健全规章制度，严格执行落实安全操作规程和劳动防护制度。尤其要严格易燃易爆物品和危化品生产、储存领域的动火作业管理，焊工、电工等特种作业人员必须持证上岗，现场动火作业必须按要求实施审批。

⑤ 突出重点，全面加强消防安全监管　各级政府要及时研究解决消防安全重大问题，围绕遏制人员伤亡火灾事故，全面强化易燃易爆场所、高层和地下建筑、"三合一"场所、"三小"场所等重点场所的消防安全监管。

⑥ 切实加强安全生产教育培训　以企业主要负责人、安全生产管理人员、特种作业人员和危险性较大岗位作业人员为重点，加强安全生产培训，促进相关人员掌握应知应会的安全知识。同时，要建立村居"两委"干部、经联社负责人、网格员定期轮训制度，提升基层"网格"监管责任人、网格员安全生产素质，打牢安全生产监管基层基础。广泛开展安全生产宣传，普及安全生产法律法规，传播安全知识，营造安全氛围，促进职工群众广泛支持、参与安全生产工作。

第三节　工业可燃气体爆炸事故启示录

1. 事故教训

① 加强企业安全管理，健全完善安全管理制度和操作规程，并严格贯彻执行和监督检查，杜绝违章指挥和违章操作。

② 对从业人员的从业资格严格把关，杜绝无证、无资质、无能力上岗作业。

③ 应健全完善隐患排查治理工作机制，建立隐患排查台账，加大隐患排查力度，全面排查治理各类生产安全隐患，做到早发现、早报告、早排除。

④ 企业应完善事故应急救援预案，加强应急演练，提高应对突发事故的能力。

⑤ 加强对员工的安全知识教育和培训，普及可燃气体安全常识及事故预防措施。

2. 对策建议

（1）严格控制火源

火源种类很多，如电焊、气焊产生的明火源，电气设备启动、关闭、短路时产生的电火花，静电放电引起的火花，物体碰撞、互相摩擦时产生的火花等。应严格控制各种点火源的产生。

（2）防止预混可燃气产生

生产、储存和输送可燃气的设备和管线时应严格密封，防止可燃气泄漏到大气中形成爆炸性混合气体。在重要防爆场所应装置监测仪，以便对现场可燃气泄漏情况随时进行监测。

在不可能保护设备使其绝对密封的情况下，应使厂房、车间保持良好的通风条件，使泄漏的少量可燃气能随时排走，不形成爆炸性混合气体。在设计通风排风系统时，应考虑可燃气的相对密度。有的可燃气密度比空气小（例如氢气），泄漏出来以后往往聚积在屋顶，与屋顶空气形成爆炸性混合气体，因此屋顶应有天窗等排气通道。有的可燃气密度比空气大，就有可能聚积在地沟等低洼地带，与空气形成爆炸性混合气体，应采取措施排走。为此设置的防爆通风排风系统，其鼓风机叶片应采用撞击下不会产生火花的材料。

（3）用惰性气体预防气体爆炸

当厂房内或设备内已充满爆炸性混合气体又不易排走，或某些生产工艺过程中可燃气难免与空气（或氧气）接触时可用惰性气体（氮气、二氧化碳等）进行稀释，使之形成的混合气体不在爆炸极限之内，不具备爆炸性。这种方法称为惰性气体保护法。在易燃固体物质的压碎、研磨、筛分、混合以及粉状物质的输送过程中，也可以用惰性气体进行保护。

（4）用阻火装置防止爆炸传播

可燃性气体发生爆炸时，为了阻止火焰传播，需设置阻火装置。可安装阻火装置的设备有：石油罐的开口部位、可燃气的输入管路、溶剂回收管路、燃气烟囱、干燥机排气管、气体焊接设备与管道等。其作用是防止火焰蹿入设备、容器与管道内，或阻止火焰在设备和管道内扩展。其工作原理是在可燃气体进出口两侧之间设置阻火介质，当任一侧着火时，火焰的传播就被阻止而不会烧向另一侧。常用的阻火装置有安全液封、阻火器和单向阀。在某些爆炸性混合气体中，火焰传播速度随传播距离的增加而增加，并变成爆轰。一旦变成爆轰，要阻止其传播，还需安装爆轰抑制器。

（5）广泛开展宣教活动，提高全民安全意识

可燃气体安全常识的宣传是一项长期工作，许多用气单位、职工和广大人民

群众对气体爆炸的危险性认识不足，各级行业管理部门和企业要充分利用广播、电视、报纸等新闻媒介，采取文艺宣传、课外辅导、科普教育、知识竞赛、发放安全手册等多种方式宣传可燃气体安全常识。推广使用可燃气体安全报警系统，提高安全技防能力。加大安全宣传和行业技能培训，通过典型案例分析，多渠道进行安全宣传，全面提高经营者、管理者、监管人员、从业人员和广大人民群众的安全意识，提高从业人员技能水平和广大人民群众安全素质，避免类似事故的发生。

第九章
锅炉爆炸事故典型案例分析

第一节 基础知识

一、锅炉的基本概念

1. 锅炉定义及组成

锅炉是将燃料内蕴藏的能量，经过燃烧释放，把工质加热到规定温度和压力供生产和生活使用的一种热能设备。

锅炉由"锅"和"炉"以及为保证"锅"和"炉"安全运行所必需的附件、控制仪表和附属设备三大部分组成。

① 锅　指锅炉中盛水和蒸汽的密封受压部分，其作用是工质吸收"炉"释放出的热量，从而使工质达到一定参数。主要包括：汽包、水冷壁、对流管、集箱（联箱）、过热器和省煤器等。

② 炉　指锅炉中将燃料进行燃烧产生热源的部分，其作用是将燃料燃烧时放出的热量供"锅"吸收。主要包括：燃烧设备、炉墙、炉拱、隔烟箱、烟囱和钢架等。燃料在"炉"内通过燃烧所产生的高温烟气，经过炉膛和各烟道向锅炉受热面放热，最后从锅炉尾部烟囱排出。

③ 锅炉附件、仪表　指安装在锅炉受压部件上用来控制锅炉安全和经济运行的一些附件与仪表装置。主要包括：安全阀、压力表、水位表、高低水位警报器、排污装置、给水系统、锅炉的汽水管道、常用阀门和有关仪表等。此外，近年来由于对锅炉的机械化和自动化要求不断提高，工业锅炉上配置机械操作和自动控制的附件及仪表也越来越多，如给水自动调节装置、燃烧自动调节装置、自动点火熄火保护装置，以及鼓、引风机联锁装置等。

④ 锅炉附属设备　指燃料的供给与制备系统。主要包括：上煤、磨粉、燃煤、燃油、燃气装置，以及鼓风机、引风机、出渣、清灰、空气预热、除尘等装置。

2. 锅炉的工作过程

锅炉是一种利用燃料燃烧后释放的热能或工业生产中的余热传递给容器内的水，使水达到所需要的温度（热水）或一定压力蒸汽的热力设备。它是由"锅"（即锅炉本体水压部分）、"炉"（即燃烧设备部分）、附件仪表及附属设备构成的一个完整体。锅炉在"锅"与"炉"两部分同时进行，水进入锅炉以后，在汽水系统中锅炉受热面将吸收的热量传递给水，使水加热成一定温度和压力的热水或生成蒸汽，被引出应用。在燃烧设备部分，燃料燃烧不断放出热量，燃烧产生的高温烟气通过热的传播，将热量传递给锅炉受热面，而本身温度逐渐降低，最后由烟囱排出。"锅"与"炉"一个吸热，一个放热，是密切联系的一个整体设备。锅炉在运行中由于水的循环流动，不断地将受热面吸收的热量全部带走，不仅使水升温或汽化成蒸汽，而且使受热面得到良好的冷却，从而保证了锅炉受热面在高温条件下安全地工作。

二、锅炉的工作参数

锅炉参数对蒸汽锅炉而言是指锅炉所产生的蒸汽数量、工作压力及蒸汽温度。对热水锅炉而言是指锅炉的热功率、出水压力及供回水温度。

（1）蒸发量（D）

蒸汽锅炉长期安全运行时，每小时所产生的蒸汽量即该台锅炉的蒸发量，用"D"表示，单位为 t/h。

（2）热功率（供热量 Q）

热水锅炉长期安全运行时，每小时出水有效带热量。即该台锅炉的热功率，用"Q"表示，单位为 MW，工程单位为 10^4 kcal/h。

（3）工作压力

工作压力是指锅炉最高允许使用的压力。工作压力是根据设计压力来确定的，通常用 MPa 来表示。

（4）温度

温度是标志物体冷热程度的一个物理量，同时也是反映物质热力状态的一个基本参数。单位通常用摄氏度即"℃"。

锅炉铭牌上标明的温度是锅炉出口处介质的温度，又称额定温度。对于无过热器的蒸汽锅炉，其额定温度是指锅炉额定压力下的饱和蒸汽温度；对于有过热器的蒸汽锅炉，其额定温度是指过热器出口处的蒸汽温度；对于热水锅炉，其额定温度是指锅炉出口的热水温度。

三、锅炉的分类及其特点

可以从不同角度出发对锅炉进行分类：

① 按结构形式可分为锅壳锅炉（火管锅炉）、水管锅炉和水火管锅炉。

② 按用途不同可分为电站锅炉、工业锅炉、生活锅炉等。

③ 按容量大小可分为大型锅炉、中型锅炉和小型锅炉。习惯上，蒸发量大于 100t/h 的锅炉为大型锅炉，蒸发量在 20～100t/h 的锅炉为中型锅炉，蒸发量小于 20t/h 的锅炉为小型锅炉。

④ 按蒸汽压力大小可分为低压锅炉（$p \leqslant 2.5MPa$）、中压锅炉（$2.5MPa < p \leqslant 5.9MPa$）、高压锅炉（$p = 9.8MPa$）、超高压锅炉（$p = 13.7MPa$）等。

⑤ 按燃料和能源种类不同可分为燃煤锅炉、燃油锅炉、燃气锅炉、废热（余热）锅炉等。

⑥ 按燃料在锅炉中的燃烧方式可分为层燃炉、沸腾炉、室燃炉。

⑦ 按工质在蒸发系统的流动方式可分为自然循环锅炉、强制循环锅炉、直流锅炉等。

第二节　典型案例分析

［案例一］　某生物科技公司燃气锅炉爆炸事故

1. 事故概况

2017 年 4 月 20 日 5 时 30 分左右，某市生物科技有限公司在锅炉试运行过程中，燃气在炉膛发生燃爆，造成 2 人死亡。事故直接经济损失为 190 余万元。

2016 年 12 月 6 日，某有限公司与该生物科技有限公司签订设备购销合同、技术协议和安装协议，合同与协议中约定由该有限公司供应一台型号为 YY（YQ）-W-2100 的 3t 导热油炉及配套 1t 蒸汽发生器，采购费用为 33.5 万元；并约定由该公司负责"某山锅集团锅炉 3t 导热油炉、配套 1t 蒸汽发生器安装以及与原有蒸汽锅炉、导热油炉连接改造，锅炉系统的报检办证，并承担所有管道、阀门材料"，安装费用为 8.5 万元，合计 42 万元，最终优惠价为 40.5 万元。安装协议中另外规定"乙方不得将工程分包或转包给其他单位施工"。

2016 年 12 月 19 日，该公司与该山锅集团有限公司签订《产品购销协议》，确定该公司购买 1 台该山锅集团有限公司生产的 YQW2100Q 导热油锅炉。该山锅集团有限公司法定代表人王某授权马某为公司本次业务的代理人，全权负责该生物科技有限公司 3t 导热油锅炉各项业务事宜，委托的有效期为 2016 年 12 月 1 日至 2017 年 2 月 1 日。

2017 年 1 月 13 日，该有限公司与某实业有限公司签订工业品买卖合同，购买该公司一台 STYQ300 油气两用燃烧器。

2017 年 2 月 7 日，马某持某锅炉热电设备有限公司法人授权书办理了锅炉的安装告知手续，授权内容为"办理该生物科技有限公司锅炉开工告知及安装相关事宜"（委托书落款时间为 2017 年 2 月 6 日）。然后由该锅炉热电设备有限公司派员进行了锅炉的安装。

2017 年 2 月 17 日，市特种设备检验所对安装资料进行了审核，出具了《整装锅炉安装质量监检停检点记录》。3 月中旬，该锅炉完成了锅炉本体安装，并于 4 月 5 日完成该锅炉整体的耐压试验，但尚未达到总体验收条件，未最终出具《安装监检报告》。事故现场提取的《锅炉、蒸汽发生器运行记录》显示该锅炉于 2017 年 4 月 7 日开机调试至 20 日期间，除因设备故障及停电等因素外，一直处于调试状态。

2017 年 4 月 7 日及 4 月 16 日，锅炉安装单位和锅炉燃烧器售后服务人员共同对该锅炉和燃烧器进行过两次调试，其间调试人员未全程跟随指导。

2017 年 4 月 20 日早上 5 点 30 分，该生物科技有限公司 CEO 薛某接到菌厂职工电话，称该生物科技有限公司的锅炉房发生了爆炸。薛某从公司宿舍赶到事故现场，首先关掉了液化气阀门、燃料油开关、导热油循环泵开关及管道阀门，然后将锅炉盖底的两名员工移出现场，随即将事故情况上报了该街道办事处和管区书记，并关闭了公司大门，禁止无关人员随意出入。

2. 事故原因

（1）直接原因

根据现场状况，结合 4 月 19 日运行记录显示，事发当日凌晨 1 时 48 分运行记录显示出现 AL-1（火焰监测）故障预警，2 时 55 分开机正常运行，直至 4 时 20 分再次出现相同 AL-1（火焰监测）故障预警。截至停机，上述运行记录为燃烧器自控模式操作。自控模式下，可实现吹扫、自检、点火、燃烧、监测保护、停机、再启动等全自动程序。手动模式下，可实现任何环节的操作，系统不会按照上述程序有序进行。出现故障停机时，自控模式下无法实现点火，直至故障排除或切换手动模式后进行操作。现场检查发现锅炉燃烧器电控柜显示操控模式为手控，后续操控模式变更为手控模式。根据现场综合状况推断，在锅炉再次点火前炉膛内积聚一定浓度空气燃料混合气体，且达到爆炸极限，在后续手控操作点火过程中发生炉膛燃爆事故。

（2）间接原因

① 该生物科技有限公司未全面落实企业主体责任，项目建设、特种作业人员管理不到位。

该公司违反《特种设备作业人员监督管理办法》《质检总局办公厅关于燃气锅炉风险警示的通知》，未制定特种设备操作规程和有关安全管理制度；未建立特种设备作业人员管理档案；未对作业人员进行安全教育和培训；在无燃烧器制造单位或其授权单位的技术人员的现场指导下安排王某、韩某进行调试作业。

该公司将 3t 燃油燃气有机热载体锅炉及 1t 蒸汽发生器项目发包给不具备特种设备安装资质的该有限公司组织安装调试。

② 该有限公司在 3t 燃油燃气有机热载体锅炉及 1t 蒸汽发生器项目安装施工、调试过程中存在严重违法违规行为。

该有限公司违反《特种设备安全法》《质检总局办公厅关于燃气锅炉风险警示的通告》《特种设备安全技术规范》《锅炉安装监督检验规则》等相关法律法规，在不具备锅炉安装施工资质的情况下组织该生物科技有限公司进行 3t 燃油燃气有机热载体锅炉及 1t 蒸汽发生器的安装和调试作业；在无燃烧器制造单位或其授权单位的技术人员的现场指导下进行调试操作；私自安装未经型式试验合格的燃烧器；向市特种设备检验所提供虚假资料。

③ 该实业有限公司违反《产品质量法》《燃油（气）燃烧器安全技术规则》的有关规定，将未进行型式试验、未取得型式试验合格证书的 STYQ300 型燃烧器销售给该有限公司并进入安装调试环节。

④ 该山锅集团有限公司作为事故涉及锅炉的生产厂家，具备生产 A 级锅炉的资格，其生产的涉案锅炉具备特种设备监督检验证书，经该省特种设备检验研究院某分院监督检验，安全性能符合《锅炉安全技术监察规程》的要求；虽然委托马某"全权负责该生物科技有限公司 3 万吨导热油锅炉各项业务事宜"，该有限公司与该生物科技有限公司也签订有安装协议，但是，事故涉及锅炉的安装、调试是由该锅炉热电设备有限公司完成的，该锅炉热电设备有限公司具有《特种设备（锅炉）安装改造维修许可证》，该有限公司并没有对事故涉及锅炉进行安装、调试。该山锅集团有限公司提供锅炉的出厂材料也证明锅炉无质量问题。综上，事故调查认定该山锅集团有限公司在本次事故中无责任。

⑤ 该办事处落实《某省特种设备安全条例》不力，协助履行特种设备安全监督属地管理责任不到位，安全隐患排查整治不彻底。

⑥ 该区质量技术监督局落实《中华人民共和国特种设备安全法》和《某省特种设备安全条例》不力，履行调试监检管理职责不到位。

3. 整改措施

① 督促企业落实主体责任　督促企业建立健全有关锅炉及压力管道等特种设备的安全生产责任制、安全管理制度、操作规程等，制定锅炉事故应急措施、救援预案，并定期演练，加强对特种设备的安全管理，加强对特种设备从业人员的教育培训。

② 全面摸排辖区内锅炉使用情况　根据区安委会办公室《关于立即开展全区锅炉使用单位安全专项检查的通知》要求，各镇街要对辖区内锅炉使用单位进行详细调查摸底，形成摸底台账，做到不留死角。

③ 加强对锅炉使用单位的监督管理　质监部门对摸排情况要登记建档，逐一排查，对发现的隐患要建立隐患台账，明确整改措施、确定整改期限，明确监管责任人，加强对锅炉使用单位的安全检查，特别对司炉工是否持证上岗、燃气（油）锅炉操作规程是否培训等情况的监督检查，确保锅炉使用单位落实主体责任。

④ 强化政府及其相关部门的安全监管责任　各镇街人民政府及有关部门要严格落实安全生产党政同责和其他领导"一岗双责"制以及行业主管部门直接监管责任、地方政府属地监管责任。要严格行政许可制度和审批责任制。审批前要严格审查、审批中要严格把关、审批后要强化监管。行业主管部门要坚持"管行业必须管安全、管业务必须管安全、管生产建设经营必须管安全"的原则，认真履行行业安全监管职责，切实加强行业安全监管，加大行政执法力度，严厉打击非法违法生产经营建设行为，彻底治理纠正和解决违规违章问题。

[案例二]　某生物科技公司燃煤锅炉爆炸事故

1. 事故概况

2016 年 11 月 28 日 8 时 20 分左右，某生物科技股份有限公司西侧的锅炉房内，一台 LSC0.75-0.4-AⅡ立式燃煤蒸汽锅炉在运行中发生爆炸，造成 2 人死亡，其中，一人为司炉工陈某，另一人为臧某（非事故发生单位职工，为某废旧物资回收有限公司工人），直接经济损失 180.95 万元。事故发生单位某生物科技股份有限公司成立于 2010 年 6 月 13 日，公司类型为股份有限公司，注册地址为某市某街道办事处工业园区，注册资本 500 万元，法定代表人为巩某，是一家无行业主管部门的企业。公司经营范围：生物技术研发，肠衣加工，矿用配件、五金交电、建材、机电设备、日用百货、木材、钢材、环保节能设备的销售，货物进出口业务等，主要从事肠衣加工、肝素钠产品的提取。有职工 22 名，该公司成立时，名称为某肠衣有限公司，2013 年 11 月 26 日变更为某生物科技股份有限公司。该公司有一台立式蒸汽锅炉，一名锅炉管理人员巩某（锅炉安全管理员证 2016 年 5 月 20 日到期，到期后未复审换证），一名锅炉司炉工陈某（无相应合格项目的锅炉作业人员证）。事故发生过程，该公司生物科技股份有限公司受订单影响不能连续生产，给生产提供蒸汽的锅炉间断运行，至 11 月 28 日锅炉重新运行前已停用 20 余天。11 月 28 日 6 时 40 分左右，司炉工陈某开始点火运行锅炉，约 8 时 16 分，车间主任巩某打开车间南侧从锅炉引出的蒸汽管道放水阀门放水，看到有蒸汽排出，便微开小型加热器上部阀门，给小型加热器供汽。另外四台主要用汽设备（酶解罐）未投入使用，蒸汽阀门处于关闭状态。8 时 20 分左右，锅炉发生爆炸，司炉工陈某及非事故发生单位职工臧某在爆炸事故中当场死亡。

2. 事故原因

（1）直接原因

锅炉从点火到发生爆炸运行期间，对外供汽阀门处于关闭状态，压力升高，司炉工未采取有效措施及时泄压，且安全阀失灵，造成锅炉超压爆炸，是事故发生的直接原因。

（2）间接原因

① 企业特种设备安全管理主体责任落实不到位。该生物科技股份有限公司落实特种设备安全管理主体责任不到位，操作规程及规章制度不完善；特种设备管理人员资质证书到期未换证继续从事锅炉安全管理工作；聘用不具备操作资格的人员从事司炉作业；安全阀、压力表超期未校验、未检定；操作人员未对安全阀做定期排放试验，未发现并排除安全阀失灵这一事故隐患；对锅炉房管理不严，对非作业人员随意进入锅炉房制止不力，致使事故扩大。该废旧物资回收有限公司未建立安全管理规章制度，对从业人员管理不严，对臧某擅离职守、随意进入该生物科技股份有限公司锅炉房制止不力，导致事故扩大。

② 政府及有关部门安全监管不到位。

a. 市质监局某分局执行特种设备安全监察法律法规不力，对辖区内锅炉安全检查不全面、不深入、不细致；该分局于 2015 年 6 月 12 日、2016 年 8 月中旬和 2016 年 11 月 8 日对该生物科技股份有限公司进行检查时，因停产锅炉没有使用，未找到企业工作人员，对事故企业落实特种设备"三落实、两有证、一检验、一预案"情况不明，未督查出事故锅炉存在的安全隐患情况，监管责任落实不到位；未发现并查处该生物科技股份有限公司存在的特种设备安全管理制度不健全、锅炉作业人员未持证上岗、锅炉安全附件未定期校验等违法行为，日常监督检查不力。

b. 该市质监局执行特种设备安全监察法律法规不力，对该分局日常监督检查等履职履责情况监督管理不到位。

c. 该办事处未严格落实特种设备安全属地管理职责，对该生物科技股份有限公司落实特种设备安全隐患排查治理工作督促不力。

3. 整改措施

① 切实强化企业特种设备安全主体责任的落实　该生物科技股份有限公司要增强法制意识，严格落实特种设备安全主体责任，牢固树立"以人为本、生命至上"的安全发展理念，严格落实特种设备"三落实、两有证、一检验、一预案"要求，加大安全投入，及时校验、检定特种设备安全附件，配备持有相应合格项目的特种设备管理人员和作业人员，建立健全安全管理制度和操作规程。定期研究企业的安全生产问题，加大安全生产监督检查力度，切实把特种设备安全工作要求落实到生产经营的每个环节、每个岗位和每名员工，真正做

到安全责任到位、安全投入到位、安全培训到位、安全管理到位、应急救援到位。

② 切实落实部门特种设备安全监管责任　坚持"管行业必须管安全、管业务必须管安全、管生产经营必须管安全"的原则，认真落实部门主管、监管责任。该市质监局要加强对特种设备的生产（含设计、制造、安装、改造、修理）、经营、使用、检测检验等环节的监督检查，及时发现存在的问题，严格落实监管责任，严厉打击违法违规行为，对安全生产基础薄弱问题，要强化预防治本工作，提升本质安全水平。该市质监局要立即开展特种设备安全专项整治，2017年6月1日前，该市质监局要对在用锅炉全面排查建档，对未经检验或检验不合格的一律停止使用，切实做到执法检查到位、行政处罚到位、依法关停到位。

③ 切实强化地方政府的安全监管责任　认真落实政府属地监管责任，不断强化和创新特种设备安全监管措施，综合运用法律、经济和行政手段，不断增强安全生产保障能力。该市政府要针对本地区实际，强化安全监管力量，配足配齐安全监管机构、人员、装备。认真组织开展隐患排查治理，加大对企业安全监管和执法力度。乡（镇）人民政府和街道办事处、开发区管理机构应当加强特种设备安全工作，将特种设备安全纳入安全生产检查范围，协助上级人民政府有关部门依法履行特种设备安全监督管理职责。

④ 切实加强特种设备安全宣传教育培训工作　该市质监局要加强对特种设备有关法律法规的宣传力度，增强群众的安全意识，强化特种设备管理人员和作业人员的监督检查和管理，未取得特种设备作业人员资格的不得上岗作业。加大对特种设备监管人员的培训力度，提高监管人员业务素质。

▶ [案例三]　某建材公司锅炉爆炸事故

1. 事故概况

2014年4月14日15时30分左右，某建材科技有限公司锅炉发生爆炸，事故造成1人死亡、3人受伤，直接经济损失近200万元。

2014年4月14日15时30分左右，该建材科技有限公司员工敖某给该公司总经理管某打电话，说锅炉在使用过程中，电力表读数不断下降，锅炉烧不起压来。管某问他是不是锅炉里无水，敖某说锅炉有水，就是烧不起压来，要求管某亲自来锅炉房看一下。正在办公室办公的该公司董事长潘某得知此事后便和管某一道来锅炉房查看，来到锅炉房，管某看到锅炉没有压，便询问司炉工邹某锅炉加水没有，邹某说他才加了水。由于锅炉房内蒸汽比较浓，管某看到水位计好像是满的（其实水位计并没有水），管某便立即与锅炉安装公司负责人袁某联系，说明锅炉运行不正常的有关情况，袁某问管某锅炉是否是因用气量大了、风力有没有问题等等。于是，管某和潘某便前往锅炉引风机处查看，发现引风机有两根皮带快断了，管某便安排仓管员尹某换了两根引风机皮带，然后发现锅炉仍然没有压力，管某正准备再次与锅炉安装公司联系时锅炉发生了爆炸，管某等人被巨大的蒸汽浪冲到。等管某反应过来后，便听到"车间起火了"的喊声，管某便迅速指挥人员进行车间灭火，并立即报警。约 5min 后，车间明火扑灭，管某便立即返回锅炉房，发现潘某、黄某躺在地上，不断呻吟，邹某血肉横飞，当场死亡。随后，该镇人民政府人员、"110"人员、"120"人员赶到了现场，进行现场施救和处置。县委常委、常务副县长周某，县安监局局长陈某，县质监局局长肖某等第一时间也赶到了现场。

2. 事故原因

（1）直接原因

① 该建材科技有限公司无视职能部门的行政决定，违章指挥、擅自使用未经检验验收的锅炉，是造成这起事故发生的直接原因之一。

② 司炉人员无证上岗，违规操作未经检验验收的锅炉，且司炉人员未经专业培训，不具备专业安全技能，致使锅炉缺水干烧，锅炉内钢板过度疲劳，遇冷水瞬间形成大量的蒸汽，引发锅炉筒体爆裂。操作不当是导致此次事故发生的直接原因之一。

（2）间接原因

① 该建材科技有限公司对用工人员的资质未进行严格审查，安全培训教育不到位，疏于安全管理，现场监管不到位，冒险作业，是此次事故发生的主要原因。

② 该建材科技有限公司法人代表潘某及总经理管某未依法依规建立健全本单位安全生产管理制度、责任制及操作规程，安全责任不落实，分工不明确，是此次事故发生的次要原因。

3. 整改措施

这起事故暴露出该建材科技有限公司安全管理薄弱环节，安全责任、安全监管不落实，未进行安全生产管理责任等问题。为吸取此次事故教训、防止类似事故发生，提出以下建议：

① 该建材科技有限公司要严格贯彻执行有关安全生产法律法规，建立健全本单位安全生产责任制、规章制度和操作规程，加强安全生产管理，落实安全生产责任，特别是要加强对特种作业人员的教育和培训，加强对特种设备的安全管理。

② 有关职能部门尤其是质监部门要加强特种设备的监管，加强特种设备作业人员的教育培训，确保特种设备安全运行，确保特种作业持证上岗，遏制或减少事故的发生。

[案例四]   某皮革厂锅炉爆炸事故

1. 事故概况

2006 年 7 月 30 日 21 点，某皮革厂一台锅炉发生爆炸，共造成 5 人死亡、9 人受伤（其中 2 人重伤，6 人轻伤，1 人轻微伤），直接经济损失约 150 万元。

爆炸锅炉的型号为 LHC0.5-0.39-AⅡ，2002 年 2 月投入使用，3 月办理注册登记，用于加热皮革生产用水。2006 年 5 月 9 日由检验机构对该锅炉进行了内部检验，指出安全阀、压力表已超期未校验，应及时校验，但使用单位一直未安排人员落实整改。6 月下旬一天晚上，该锅炉因两个出气阀关闭，安全阀未启跳而超压造成锅壳一处泄漏，使用单位生产管理负责人徐某私自请人非法维修锅炉后继续投入使用，此后司炉工苏某（无证）发现锅炉安全阀有问题并报告徐某，徐某让其自行修理，苏某修理无效后提出更换安全阀，但徐某一直未安排更换。

事故当晚 20 时 30 分左右，程某（晚班转辊工兼司炉，无证）给锅炉加水、加煤，锅炉处于正常运行。此后不久，吴某发现圆形水箱水温达 80℃ 左右（正常工作温度为 50℃ 左右），担心过高的水温进入转辊会把皮料烫坏，于是往圆形水箱中加了些冷水，然后将分气缸上通往圆形水箱的出气阀关闭，而此时通往方形水箱的另一出气阀已处于基本关闭状态，锅炉内压力因无法有效释放而迅速上升，约半小时后锅炉发生超压爆炸。爆炸产生的巨大冲击波推倒了部分厂房、厂区东侧围墙，并压塌了围墙外三间简易房，倒塌面积近 400m²，简易房内 16 人被埋；锅壳部分炸飞 10m 左右，封头沿西北方向飞出 300m 左右，炉胆部分飞出 15m 左右落到三间简易房附近。

2. 事故原因

（1）直接原因

在锅炉正常燃烧运行时，两只出气阀一只被关闭，另一只被基本关闭；锅炉超压时安全阀未正常启跳，导致超压爆炸。

（2）间接原因

① 该厂主要负责人安全法制意识薄弱，未建立必要的安全使用规章制度，管理人员疏于管理，形同虚设，现场管理混乱，长期安排无证人员操作锅炉，私自请人非法维修锅炉。

② 检验机构在校验中发现安全阀、压力表超期未检，虽提出了及时校验的要求，但作出允许运行的结论不当，对使用单位的警示作用不够。

③ 该厂东南围墙外是三间简易房，造成人群聚集，导致事故伤亡扩大。

3. 整改措施

① 市政府将本起事故通报全市，认真吸取这起重大伤亡事故的教训，进一

步落实企业的安全生产主体责任，将特种设备安全工作纳入对县（区、市）政府的考核，进一步加强对基层安全监管部门的队伍建设和经费保障。

② 检验机构按举一反三的要求对检验工作进行认真的检查整顿，全面落实检验责任，完善检验报告内容，规范检验报告结论，提高检验质量，并加强督促企业对事故隐患的整改，提高检验工作，保障安全的功效。

③ 皮革厂停产整顿，认真学习和遵守有关安全生产的法律法规，建立健全安全生产的管理制度和操作规程，落实企业安全主体责任，杜绝无证人员上岗操作。

第三节　锅炉爆炸事故启示录

1. 事故教训

① 锅炉在点火之前，需要操作人员仔细检查通风系统是否清理干净，检查通风管道的状态是否处于正常，保证锅炉在运行过程中能够有良好的通风条件。

② 检查锅炉的管道状态，确认锅炉供能管道是否破裂，保证燃料能够安全输入锅炉；检查锅炉水管是否处于正常运行状态，是否有漏水、断裂等问题出现。

③ 司炉操作人员需要凭正规的上岗证及操作证等上岗，确保操作人员受过专业培训并且拥有处理各种危险问题的经验。

④ 锅炉配套安全阀在安装前必须经过有资质的单位对安全阀进行校验（根据工作压力进行开启压力的整定、回座压力的灵敏度和密封性能检验），在用锅炉的安全阀必须经过有资质的单位对安全阀进行每年一次的校验，校验合格后方可继续使用。

⑤ 司炉操作人员在巡视的过程中，如果发现操作不当的问题应及时通知控制台停止锅炉运行，对司炉操作人员应授予足够的权限，使得遇见紧急情况时能及时处理。

⑥ 司炉操作员在进行日常维护时，应着重对关键管道进行检查，并且保证定时检查，保证及时发现安全隐患。

2. 对策建议

① 应健全锅炉运行规程、安全操作规程、岗位责任制、检验质量标准、交接班制度等各种有关规章制度，并严格贯彻执行。

② 应加强锅炉用水治理，给水水质应符合规定要求，软化水应达到质量标准，锅水碱度不应过高。排污要有制度，受热面内部应保持不结垢或仅有较薄水垢，定期用机械或化学方法清除水垢，以免造成钢板或钢管过热。

③ 在安装和检验时，应选用符合图纸要求的材料。

④ 采用公道的锅炉结构。在制造、安装或检验以及锅炉的技术改造中，应留意改进锅炉的不公道结构，使达到公道或基本公道。

⑤ 加强锅炉维护保养，提高锅炉设备的完好率，堵塞漏洞，消除隐患。

⑥ 有计划地组织培训司炉职员和治理职员，提高安全运行操纵和治理水平。司炉职员在熟悉设备性能的基础上，达到安全经济运行，避免发生事故。司炉职员要坚守工作岗位，在事故发生时，应冷静迅速地采取处理措施。

第十章
其他类型爆炸事故典型案例分析

第一节　典型案例分析

🔖 [案例一]　某炼钢厂铁水外溢爆炸事故

1. 事故概况

2016 年 4 月 1 日 17 时 15 分左右，某公司二号炼钢厂混铁炉生产区，混铁炉在出铁过程发生铁水外溢，外溢铁水接触受铁坑内潮湿地面发生爆炸，造成 3 人死亡、3 人受伤，直接经济损失 454.74 万元。

该公司始建于 2003 年 9 月，是集烧结-炼铁-炼钢-轧钢-发电为一体的民营股份制钢铁联合企业，注册资本 5 亿元，拥有 5 座 108m² 烧结机，5 座 630m³ 炼铁高炉，3 座 60t 转炉，5 条螺纹钢轧钢生产线，员工 5100 人，占地面积 1200 亩，总资产 75 亿元，年产钢材 360 万吨。

发生爆炸的部位为混铁炉区域，混铁炉系统主要用于调节转炉生产的节奏，短暂储存高炉来的铁水，是调节高炉炼铁和转炉炼钢的缓冲带。高炉铁水由铁水罐运送到加料跨内，由加料跨起重机吊起，通过混铁炉上部兑铁口，将铁水兑入混铁炉内。混铁炉将铁水存储、混匀、保温，当转炉需要铁水时，起重机将铁水包吊运至受铁坑内铁包车上，将铁包车开至出铁位开始出铁，当铁水量出至转炉需要量时，停止出铁，铁水车再开出至吊装位，起重机将铁水包吊至转炉进行炼钢。位于二号炼钢厂加料跨西端。当时该部位共有 7 名职工，主厂房为单层钢结构厂房，加料跨东西长 120m，宽 21m，高 27.3m。主厂房北侧为渣跨，混铁炉操作室位于上料系统南侧二层平台（混铁炉平台对面偏东），主控室东侧留有人员出入楼梯。

2. 事故原因

（1）直接原因

混铁炉出铁过程中失控，造成铁水外溢，外溢铁水与受铁坑潮湿地面或积水接触，引发水蒸气急剧膨胀发生爆炸，是事故发生的直接原因。

（2）间接原因

1）该公司安全生产主体责任落实不到位

① 安全意识淡薄，安全管理混乱　该企业重效益、轻安全，不能正确处理安全与效益的关系。企业主要负责人、管理人员变动频繁，安全生产规章制度和操作规程不健全，安全责任制落实不到位，存在有章不循、有令不行、有禁不止的违法违规行为。

② 没有履行设计审查和竣工验收手续　企业为了追求利润最大化，安全设施设计未经审批就开工建设，安全设施未经验收就投入生产，造成先天不足，导致企业的生产存在一定的盲目性和随意性。

③ 设施设备变更管理制度执行不到位　对混铁炉主控室、受铁坑等安全设施的变更审核、变更过程及变更后的隐患分析、控制过程管理不到位，导致摇炉工视线受阻。

④ 设备维护管理不到位　气动应急装置、机械装置应急手柄等应急装置和控制继电器自投入运行后，没有进行经常性维护、保养和定期检测，导致电动控制混铁炉无法复位时，气动应急装置、机械装置应急手柄不具备应急处置作用。受铁坑内电气线路未采取隔热措施，导致铁水熔断电气线路，发生电网短路停电。

⑤ 现场安全管理不到位　该企业现场隐患排查治理不系统、不细致、不到位，未能及时发现混铁炉配电柜内控制继电器炭化失效，对违规在混铁炉平台设置水管、受铁坑积水问题治理不到位，致使铁水外溢后遇水发生爆炸。吊运区域附近平台、厂房立柱未采取防铁水喷溅措施。

⑥ 现场应急处置不当　事故车间相关人员未按规定对铁水外溢启动应急预案，开启气动应急装置、操作机械装置应急手柄，导致铁水持续外溢，进而发生爆炸事故。

⑦ 隐患排查整改走过场　该企业隐患排查整改不深入、不扎实、不细致，自查自纠走过场，导致一些隐患反复出现，得不到彻底整改。

⑧ 安全教育培训流于形式　该企业安全教育培训不深入，从业人员存在安全素质不高、安全操作技能不强、对危险作业的安全风险认知不足等问题，导致空调维修工在起重机运行期间违规登上天车巡检，致使事故伤亡扩大。

2）相关监管部门工作不扎实，安全监管不得力

① 该区安全生产监督管理局安全生产监督检查职责落实不到位　依据《某省安全生产行政责任制规定》（省政府令第293号）："县级以上人民政府安全生产监督管理部门对冶金等行业生产经营单位进行安全生产监督检查。"该区安全生产监督管理局贯彻落实国家安全生产法律法规不到位，安全检查不细致、不全面，督促企业排查整改隐患不彻底、不到位，督促事故企业履行安全生产主体责

任不到位。

② 该区经济和信息化局工业安全生产综合管理责任落实不到位　依据《某省安全生产行政责任制规定》(省政府令第 293 号):"县级以上人民政府经济和信息化部门负责工业安全生产综合管理。"该区经济和信息化局贯彻落实国家安全生产法律法规不到位,履行工业安全生产综合管理职责不到位,督促事故企业履行安全生产主体责任不到位。

③ 该区街道党工委、办事处,落实"党政同责、一岗双责、齐抓共管"要求不到位　贯彻执行安全生产法律法规和政策规定不深入,组织开展安全生产大排查、快整治、严执法行动不深入,履行安全生产属地管理责任不力,对事故企业安全生产管理不到位。

④ 该区委、区政府,落实"党政同责、一岗双责、齐抓共管"的要求不到位　履行安全生产属地管理责任不到位,贯彻执行安全生产法律法规和政策规定不力,组织开展安全生产大排查、快整治、严执法行动不深入,督促指导街道党工委、办事处及区安监局、经信局履行安全生产管理职责不到位。

3. 整改措施

(1) 切实落实政府及有关部门的安全监管责任

各级各部门要牢固树立安全发展理念,强化红线意识和底线思维,始终把人民群众生命安全放在第一位。要深刻吸取该公司爆炸事故的沉痛教训,痛定思痛、举一反三,下大气力加强安全生产工作。

一是加强属地管理。各县区要严格按照"党政同责"和"一岗双责"要求落实安全管理责任,党政主要领导同志必须亲力亲为、亲自抓。招商引资、上项目要严把安全生产关,加大安全生产指标考核权重,实行安全生产"一票否决"。

二是强化部门监管。负有安全生产监管职责的部门要深入开展安全生产大排查、快整治、严执法集中行动,加强监管执法,严厉打击非法违法行为。各级行业主管部门要坚持"管行业必须管安全、管业务必须管安全、管生产经营必须管安全"的原则,认真履行行业安全监管职责。

(2) 严格行政审批,坚持源头治理

要结合供给侧结构性改革,推动钢铁冶炼企业落后产能淘汰退出,减少重大风险点,降低区域安全风险。要严格项目审批,实施发改、经信、国土、规划、住建、公安消防、环保、安监等部门联合审批制度,推行建设用地规划许可证核发、建设项目安全生产评价、建设工程消防设计审核、节能审查、环评审批等联合评审制度,严把安全许可审批关。对违反法律法规未批先建、批小建大等违法行为,从严从重查处。

（3）切实落实企业安全生产主体责任

各类生产经营单位要坚决克服重生产、轻管理，重效益、轻安全的思想，依法履行安全生产主体责任，全面加强企业安全管理。要建立健全并严格落实以法定代表人负责制为核心的各级安全生产责任制，层层延伸到车间、班组、岗位。要坚持高标准、严要求、细管理，完善安全管理制度和安全责任体系，严格现场安全管理，确保安全生产法律法规、标准规程和工作部署要求真正落到实处。要加大安全投入，推进科技创新与进步，在风险较高环节和危险部位落实机械化减人、自动化换人措施，不断提高本质安全水平。要认真开展隐患排查治理工作，及时发现和治理安全生产事故隐患，防患于未然。要强化对员工的安全生产教育培训，尤其要对新进员工、转岗员工、使用新设备新工艺员工、危险工序关键岗位员工，开展有针对性的安全教育与培训，并加强考核和监督检查，切实提高员工的法制意识、安全意识和安全操作技能。要建立风险识别、评估、管控制度，加强危险因素辨识及风险分析，严格落实风险对策及措施，强化关键工序、环节的技术检查与安全控制。

（4）立即开展冶金企业安全生产专项整治

各县区要立即对辖区内的冶金企业进行一次全面的安全检查，指导、督促冶金企业认真开展事故隐患自查自纠活动。

一是开展钢铁企业关键环节治理工作。对钢铁企业存在安全生产标准化未达到三级及以上等级、吊运钢水铁水与液态渣的起重机不符合冶金起重机相关要求、炼钢厂吊运高温熔融金属的铸造起重机未使用固定式龙门钩、人员聚集场所（包括会议室、活动室、休息室、更衣室等）设置在高温熔融金属吊运影响区域内、煤气柜与周边建筑物的防火间距不符合《建筑设计防火规范》（GB 50016）及《钢铁冶金企业设计防火规范》（GB 50414）标准要求等问题之一的，要立即下达停产整改指令，在 6 个月内未整改或整改后仍不合格的，各县区安全监管部门提请本级人民政府依法依规按程序予以关停退出。

二是要加强安全设施的管理维护工作。要督促企业定期对安全设备设施进行检查、校验，对安全性能差、危及安全生产的技术、工艺和装备及时进行更新或改造，完善预防积水和渗排水设施，对所有炼钢用罐坑、池、槽、斗和混铁炉铁水罐进行检查，防止有积水或堆放潮湿物品。加强安全防护装置设施管理，建立安全防护装置设施管理登记表和逐级检查台账，健全检查、维护、检修及评价、管理机制，确保各类安全防护装置设施齐全、完善、有效。

▶ ［案例二］　某铸钢厂爆炸事故

1. 事故概况

2012 年 2 月 20 日 23 时 35 分，某公司铸钢厂在浇注水轮机转轮下环（以下简称下环）过程中发生爆炸事故，造成 13 人死亡、17 人受伤，直接经济损失 3224.0 万元。

2012 年 1 月 14 日，铸造车间在 9♯ 地坑内完成抓坑作业。1 月 18 日完成稳刮板工序。1 月 19 日至 20 日刮砂床面、表干，并在地坑内东南侧下两块外芯。1 月 21 日至 27 日春节放假未施工。2 月 1 日至 9 日制型班依次完成下外圈芯、上下两层里芯、表干、焊接、埋箱、里芯中心废砂埋平等作业工序。2 月 10 日至 14 日下环形冒口芯。2 月 15 日至 17 日制作水口、清理型腔、放置压铁。2 月 17 日至 20 日从南、北水口，分两次向型腔内通热风。2 月 20 日对型腔检查后，制型工序结束。

2 月 20 日，铸造车间组织准备浇注，采用一座一吊两罐四口合浇的方法进行浇注，工艺要钢 180t，两罐的工艺钢水量均为 90t，各用两个 ϕ100mm 罐眼浇注。浇注温度为 1575~1585℃，目标浇注温度为 1575℃。6 时 34 分开始冶炼，23 时 10 分，两罐钢水运到浇注位置。23 时 30 分开始浇注，浇注及配套工艺现场人员共 38 人，其中动检车间 3 人，熔铸车间 10 人，运转车间 5 人，铸造车间 12 人，调度室 2 人，厂领导及客户方人员 6 人。23 时 33 分北侧吊罐浇注完毕起吊，23 时 35 分在南侧座罐浇注即将结束时，型腔冒口钢水上涨，并瞬间发生爆炸，将里芯、压铁及废砂向上喷起，砂（里芯、填砂）和压铁等向东侧落下，钢水向周围喷溅（南北侧较多），爆炸物分布密集区域半径为 40m 左右，高度约 36m，造成 13 人死亡、17 人受伤。

2. 事故原因

（1）直接原因

由于地坑渗水，导致砂床底部积水过多，当大量高温钢水短时间内注入砂型，砂床底部积水迅速汽化，蒸汽急剧膨胀，压力骤增，造成爆炸，将里芯、压铁及废砂向上喷起，是本次事故的直接原因。

（2）间接原因

① 该下环铸件造型期间为冬季结冰期，造型人员从表面进行目测检查，未能发现地坑渗水和砂床底部积水。

② 现行的铸造行业标准、规程等对铸件砂型合箱后砂床底部等含水率没有检测要求。铸钢厂对新工艺、新产品等铸件产品生产危险因素辨识不足，未能及时制定和采取相关措施控制风险。

③ 地坑施工及轨道铺设未按设计图纸进行。轨道沟槽与地坑防水墙相接，致使混砂机轨道位于地坑防水墙与北侧后期浇筑的混凝土设备基础相接处上方，导致地表用水沿轨道沟槽处渗入防水混凝土墙与防水钢板之间的缝隙中，经由防

水混凝土墙的多处裂缝渗入地坑。

④ 原设计对混砂机没有用水清洗的要求，投入生产后铸钢厂根据生产实际需要，用水清洗混砂机，但未对地面采取防水防渗处理，铸钢厂利用地坑北侧设置的日常用水点作为清洗混砂机水源，生产、生活用水等容易沿轨道沟槽处渗入地坑。

⑤ 该工程施工质量把关不严。地坑外墙竖向配筋钢筋间距未满足设计要求（规范要求钢筋间距合格点率不小于80%，实际检测9#地坑北侧防水墙钢筋间距合格点率仅为20%，相邻的10#地坑东、北、南侧防水墙钢筋间距合格点率分别为0%、6.7%、20%），均不符合《混凝土结构工程施工质量验收规范》（GB 50204）及设计要求。9#地坑防水墙存在多处裂纹（最大裂纹宽度为0.9mm），导致地坑外墙防水功能下降。

⑥ 重机公司对铸钢厂贯彻执行国家有关法律法规、规程和标准情况监督检查不到位，对其开展安全隐患排查工作督促、检查、指导不力。

⑦ 该公司对下属单位重机公司的安全监督检查不力。

3. 整改措施

① 该公司特别是铸钢厂，要深刻吸取事故教训，举一反三，全面排查和治理各种隐患，抓紧补充和完善包括型芯制作、地坑清理、准备以及铸件浇注等安全技术操作规程，尤其是要制定铸件砂床厚度和含水量等监控、检测等规定，采取各种措施，及时消除各类不安全因素。特别是对混砂机清洗，要制定操作规程，加强清洗水排放控制，强化操作人员培训管理，消除地坑周围其他用水，保证安全生产。

② 该公司铸钢厂要立即组建专门安全管理机构，配置专职安全管理人员。要建立健全安全生产责任制和安全管理制度，加强全员培训，加强作业现场安全管理和检查。尤其是对交叉作业和危险性较大的生产作业场所，要严格控制现场人数，加强统一调度指挥，实现安全有序生产。要加强对采用新工艺、新技术等大型铸件生产过程的安全管理，制定相应安全规程、工艺要求，提高危险辨识分析及事故预防能力，及时改进安全控制技术，强化事故应对和处置能力。

③ 该公司要深刻查找安全生产工作中存在的问题，进一步落实安全生产管理责任，加强安全生产管理机构和监管队伍建设，强化对所属单位安全生产工作的监督管理和现场检查。要切实加强对基层生产单位安全管理制度制定、安全操作规程编制、生产工艺技术应用和生产作业组织程序等审核和指导，科学合理地组织生产。要进一步加强危险性较大生产项目、设备设施安全风险辨识和评估，

及时排查消除各类隐患，做好生产全过程的风险防范工作，预防各类事故发生。

④ 该公司要采取针对性措施，严防同类事故发生。对铸钢厂地坑隐患等问题要进行认真检查，提高防水钢板高度，取消地坑周边用水点，做好地表水防渗处理措施。要监督做好对现有铸造地坑防水改造，达到设计要求，使其满足铸造工艺及现行标准和规范的安全要求后，方可重新投入使用。要对受事故影响的各作业场所、各种设备设施、电力线路和管道等破坏程度进行严格检测检查和修复，并进行安全现状评价，彻底做好复产前各项安全准备工作。

⑤ 该公司要进一步改进和完善对所属分公司（子公司）、改制和参股等企业的监管模式，加强安全管理，建立健全监管制度，强化监管措施，落实监管责任，全面开展安全生产标准化建设，强基固本，切实把安全生产主体责任落实到位。要加强集团本部和所属企业安全管理机构建设，按规定配齐配强专职安全管理人员，加大安全投入，强化责任制和考核制度落实。

⑥ 该公司要加强对所属企业新、改、扩建工程项目的安全管理，严格执行国家、省有关建设项目安全设施"三同时"的规定。要加强工程设计、施工、监理、验收等方面的监控管理，保证施工质量，切实提高生产各工艺和设备设施的本质安全度。

［案例三］　某钟表公司润滑油桶爆炸事故

1. 事故概况

2017 年 2 月 12 日，某钟表公司对刚安装好的注塑机进行维护检修，需取用润滑油对注塑机进行加注。14 时 30 分左右，注塑部阮某和林某在 200L 铁桶（润滑油桶）内采用气枪向桶内加注压缩空气（表压 0.7MPa）从而压出润滑油。作业时阮某负责加气，林某负责接油。14 时 45 分，由于润滑油桶底盖承受不住压力发生物理爆炸，爆炸产生的冲击导致油桶飞起打击到阮某的颅脑部及林某的左手前臂及面颌部。车间同事闻讯后，将阮某转移至干净的空地并拨打 120，10min 后 120 救护车赶到事发现场，救护人员对阮某进行抢救，30min 后抢救无效死亡，并将伤者林某送医院救治，事故最终造成一死一伤。

2. 事故原因

（1）直接原因

采用气枪向润滑油桶内加注压缩空气从而压出润滑油，由于润滑油桶底盖承受不住压力发生物理爆炸，爆炸产生的冲击导致油桶飞起打击到死者颅脑部及伤者的左手前臂及面颌部，是事故发生的直接原因。

（2）间接原因

① 没有制定相应的安全管理制度和操作规程。

② 事故单位于 2017 年 1 月从某地迁至目前所在地，未对从业人员进行安全

生产教育培训。

③ 没有安全管理人员，监督管理不到位。

④ 安全生产主要负责人未取得主要负责人资格，不具备必要的生产安全知识。

⑤ 末确认采用气枪向桶内加注压缩空气从而压出润滑油的方式是否安全就进行操作。

3. 整改措施

（1）严格落实企业安全生产主体责任

企业要严格按照法律法规，落实各种安全生产制度，提高企业的基础管理水平；要强化职责意识，企业也要落实好"一岗双责"，明确各级管理人员的安全生产职责，层层签订安全生产责任书，发挥好各级管理人员的主观能动性，确保企业安全无死角；要加大对从业人员的培训教育力度，提高企业全员安全素质；根据企业自身特点，要制定出一套管用的安全生产管理制度，并付诸实践。

（2）加大新搬迁企业的安全监管力度

新搬迁企业由于作业环境、厂房条件、人员调整等变化，安全生产条件也随之变化，不断会出现新情况、新问题，不安全因素增多。针对这些特点，安全监管部门要加大监管力度，严格执法检查，发现安全隐患要立即采取措施让企业做好整改；督促和指导企业抓好开工前的各种安全生产保障，不具备安全生产条件的不得从事生产经营活动。企业要克服在旧厂房抓安全生产的思维惯性，积极研判安全生产形势，制定出有针对性的、行之有效的安全防范措施，着力解决好在安全生产方面出现的新情况、新问题。

（3）积极消除生产活动中从业人员的不安全行为

抓好人的不安全行为是确保企业不发生生产安全事故的关键。一是要通过安全教育，提高从业人员辨别是非、安危、福祸的能力，从而采取正确的安全生产行为，同时也促进从业人员熟练掌握生产技术知识和操作技能，以此来消除不安全行为。二是通过安全管理来消除不安全行为。企业要建立一套适合本企业的安全管理制度，尤其需要制定现场安全规程，规范指导从业人员在生产过程中的行为；企业要配备一批懂安全生产的管理骨干，着力加强现场监督检查，及时发现和纠正问题。

▶ [案例四]　某铸造厂铝液外溢爆炸事故

1. 事故概况

2007 年 8 月 19 日，某创业集团下属的铝母线铸造分厂发生铝液外溢爆炸重大事故，造成 16 人死亡、59 人受伤（其中 13 人重伤），直接经济损失 665 万元。

事故经过：2007 年 8 月 19 日 16 时，某创业集团所属铝母线铸造分厂生产乙班接班生产，首先由 1 号 40t 混合炉向 1 号铝母线铸造机供铝液生产铝母线，因铝母线铸造机的结晶器漏铝，岗位工人堵住混合炉炉眼后停止铸造工作。19 时左右，混合炉向 2 号普通铝锭铸造机供铝液生产普通铝锭，至 19 时 45 分左右，混合炉的炉眼铝液流量异常增大，出现跑铝，铝液溢出溜槽流到地面，部分铝液进入 1 号普通铝锭铸造机分配器南侧的循环冷却水回水坑内，熔融铝液与水发生反应形成大量水蒸气，体积急剧膨胀，在一个相对密闭的空间中，能量大量聚集无法释放，约 20 时 10 分发生剧烈爆炸。1 号普通铝锭铸造机头部由西向东向上翻折。原铸造机头部下方地面形成 9m×7m×1.9m 的爆炸冲击坑。事故造成 16 人死亡、59 人受伤（其中 13 人重伤），厂房东区 8 跨顶盖板全部塌落，中间 5 跨的钢屋架完全严重扭曲变形且倒塌，南北两侧墙体全部倒塌，东侧办公室门窗全部损毁。

2. 事故原因

（1）直接原因

当班生产时，1 号混合炉放铝口炉眼砖内套（材质为碳化硅）缺失，导致炉眼变大、铝液失控后，大量熔融铝液溢出溜槽，流入 1 号普通铝锭铸造机分配器南侧的循环冷却水回水坑，在相对密闭空间内，熔融铝液遇水产生大量水蒸气，压力急剧升高，能量聚集发生爆炸。

（2）间接原因

① 设计图纸存在重大缺陷　铸造机循环水回水系统设计违反了排水而不存水的原则。该厂铸造车间回水管铺设角度过小，静态时管内余水达到管径的 1/3，回水坑内水深约 0.92m，循环水运行时回水坑内水深约 1.28m，常规设计应不大于 0.2m。上述情况的存在造成铝液流出后与大量冷却水接触发生爆炸。

② 作业现场布局不合理　将 1 号铸造机北侧和 2 号铸造机南侧的回水坑坑面用 30cm 混凝土浇筑封死，导致大量铝液与水接触后产生的水蒸气无法释放，压力急剧升高，能量大量聚集发生爆炸；厂房东区原设计为三条 16t 普通铝锭铸造机生产线，现场实际安装了两条 16t 普通铝锭铸造机生产线和两条铝母线铸造机生产线。现场通道变窄，事故发生时影响现场人员撤离。

③ 现场应急处置不当　该厂应急预案第二条第五款规定："如炉眼砖发生漏铝，在短时间处理不好，应及时撤离现场。"而当班人员发现漏铝后，20min 左右未处理好，当班人员不但未撤离，反而有更多人员进入，是扩大事故伤亡的重要原因。

④ 安全管理不到位　工厂制定的部分工艺技术和安全操作规程未履行审核和批准程序，也无发布和实施日期，且内容不明确、不具体，如放铝口操作未对控流、放流和巡视检查作出规定。

⑤ 应急工作不落实　工厂制定的应急预案不符合规范要求，内容缺失，可操作性差。无应急报告程序、联络方式、组织机构和应急处置的具体措施。

3. 整改措施

① 加强安全管理　要由有设计资质的单位进行建设项目设计，按规定履行立项申请、审批、审查等各项程序；严格按设计图纸组织施工，严格执行设计变更程序。切实完善各项安全管理制度和作业规程。

② 开展安全生产大检查　要检查熔融金属重包的吊具、内衬是否完整，各类冶金炉是否存在带病运行，有毒有害、易燃易爆气体的生产、运输、储存和使用等环节防泄漏、防爆炸措施的落实情况，尤其要检查熔融金属与水、油、汽等物质的隔离防爆措施落实情况。针对发现的重大隐患要限期进行整改。

③ 落实安全生产主体责任　要坚持"安全第一，预防为主，综合治理"的方针，加大安全生产投入、危险源监控和隐患治理，加强安全管理机构建设和人员培训，加强作业现场的安全管理，健全岗位安全操作规程。对关键设备、设施的安全管理，要落实操作规程、安全制度、安全职责，定期检测检验和维护保养，及时排查整改隐患。

④ 完善应急救援预案　对生产过程中可能出现的漏炉、熔融金属重包倾覆、压力容器爆炸、有毒有害气体泄漏等重大险情或事故，要制定切实有效的应急救援预案。要加强应急救援预案的培训和演练，定期开展实战演习，确保应急状态下各项应急处置工作开展有序。要结合生产的具体实际，定期对预案进行补充和完善，确保预案的实效性。

⑤ 强化安全监管工作　安全监管部门对本辖区的冶金、有色金属企业要摸清底数，掌握其安全生产状况，明确本地区重点监管的企业，做到分类监管和安全督查。重点检查企业安全投入、危险源监控、隐患整改、关键岗位责任制、主要设备设施安全维护、建设项目安全设施"三同时"等情况。督促企业排查冶金炉、锅炉等关键部位和事故易发多发工序，并及时消除事故隐患，防止和遏制重特大事故的发生。

◤ [案例五]　某门窗加工厂压力罐爆炸事故

1. 事故概况

2017年2月28日11时40分许，某玻璃店发生一起压力容器爆裂事故，造成1名从业人员张某死亡，直接经济损失约75万元。该玻璃店1993年5月1日开业，经营范围及方式：加工铝合金门窗、割配玻璃；日常从业人员约5人。

事故经过：2017年2月28日上午，该玻璃店车间内，姜某、杨某、姜某某在北侧操作台上加工玻璃，张某在南侧靠近压力罐处卸玻璃。11时40分许，压力罐在无人触碰的情况下发生爆裂，变形的罐体将正在旁边的张某砸伤，车间内的其他人听见爆裂声音后立即跑出车间，发现缺少张某后又返回车间，看到张某躺在压力罐旁边，地上有大量血迹。事故发生后，该玻璃店负责人姜某某拨打了110 和 120，120 救护车赶到现场后经过检查，确认张某已当场死亡。

该压力罐是负责人姜某某于 2016 年 6 月份在胶州商城花费 1000 元购买的，购买时无说明书，罐体用 3mm 厚的方形铁板卷制焊接而成，罐体上无铭牌或其他标识，购买时已装有 1 个表压为 0.1～1.6MPa 的压力表，该压力罐的日常工作压力为 0.6MPa。焊接处均只采用单面外焊方式，罐体直径为 790mm，体积为 735L。空压机由姜某某负责控制，平常只需给电和停电，压力罐不需要操作，压力不足时由空压机自动供气，达到工作压力后空压机自动停止工作。

2. 事故原因

（1）直接原因

该玻璃店违规将常压容器作为压力容器使用，其制造工艺和标准未达到特种设备规范要求，导致罐体无法承受内部空气压力沿焊缝裂开，将正在旁边的张某头部和胸部砸伤，致其当场死亡，是导致事故发生的直接原因。

（2）间接原因

① 该玻璃店未按照《特种设备安全法》的规定配备特种设备安全管理人员、检测人员；特种设备作业人员姜某某未按照规定取得相应资格；未按规定使用取得许可生产并经检验合格的特种设备；未按规定向负责特种设备安全监督管理的部门办理使用登记；未按规定建立岗位责任、隐患治理、应急救援等安全管理制度；未按规定制定特种设备安全操作规定，保证特种设备安全运行；未按规定建立特种设备安全技术档案；未按规定对特种设备进行经常性保养和定期检查，并作出记录。

② 姜某某作为该玻璃店的负责人，未按照《特种设备安全法》的规定购买使用取得许可生产并经检验合格的特种设备，未按规定建立特种设备相关安全管理规章制度并落实。

③ 市场监督管理局未将固定式压力容器纳入监督检查范围，未将如使用不当可能危害他人生命财产安全的常压容器纳入产品质量监督范围，未发现并查处使用"三无"压力容器和销售"三无"常压压力罐产品的违法行为，存在监管漏洞。

3. 整改措施

（1）对于该玻璃店和姜某某

要认真总结此次事故的教训，全面提高安全生产意识和红线意识，认真学习《安全生产法》《特种设备安全法》等法律法规，一定要购买使用取得许可生产并经检验合格的特种设备，按照规定建立健全岗位责任、隐患治理、应急救援等规章制度和各项安全操作规程，安排取得特种设备作业人员证的人员操作特种设备，定期进行维护检查。切实把安全生产放在首位，落实安全生产主体责任，全面查找单位在安全管理，特别是特种设备管理方面存在的问题和不足，全面排查治理事故隐患，确保安全生产。

（2）对于市场监管局

① 要切实履行好《特种设备安全法》等法律法规赋予的特种设备安全监督管理职责，利用机构合并之机，充分发挥好各镇办原工商所的功能，理顺并增强基层监管力量和执法队伍，加强特种设备安全监管力度，摸清底数、做好台账，同时加大"打非治违"力度，增大对各类特种设备安全监管工作的覆盖面。

② 要在全市范围内开展一次专项摸排和治理行动，重点检查将常压容器当做压力容器使用、生产销售"三无"压力容器或常压压力罐等违法行为，采取有效手段，及时消除违法行为和事故隐患，严防此类事故的发生。

③ 加强宣传教育，使社会公众认识到违规将常压容器作为压力容器使用的危险性。还要创新工作思路，建议推广"非压力容器标识"制度，在本市销售的常压容器上张贴"非压力容器""不得作为压力容器使用"等标识，不仅规范销售商贩，也提醒购买人员；还可以向上级有权限的部门建议，更改或出台相关标准规范，在内直径和容积符合压力容器标准的常压容器上，不得安装表压大于0.1MPa的压力表，避免容器超压使用，也免除使用人员误认。

（3）对于该街道办事处

要进一步落实镇办三级网格化监管责任，研究创新对个体工商户或小微企业的排查统计及安全监管方式，加大监管力度，督促落实生产经营单位主体责任，并加强宣教力度，提高相关单位和人员的安全意识。也要积极督导和支持辖区的市场监管所持续开展特种设备领域"打非治违"工作，消除事故隐患。

［案例六］　某新型墙体材料公司蒸压釜爆炸事故

1. 事故概况

2013 年 4 月 23 日上午 11 时 20 分，某新型墙体材料公司第 14 号蒸压釜发生爆炸，造成 5 人死亡、7 人受伤，直接经济损失约 735 万元。

事发设备第 14 号蒸压釜连同第 11、12、13 号蒸压釜制造日期均为 2010 年 11 月 16 日，釜长度 31943mm、内径 2050mm、容积 100.63m³、质量 47805kg、设计压力 1.4MPa、最高工作压力 1.3MPa、设计温度 200℃、属Ⅰ类压力容器。第 11～14 号蒸压釜均未按规定装设产品铭牌和特种设备登记标志。

事故发生经过：按照排班顺序，4 月 22 日 7 时至 19 时，当班配气工为冯某；22 日 19 时至 23 日 7 时，当班配气工为沈某；23 日 7 时至 19 时，当班配气工为郑某（吕某同班）。因郑某家人生病，22 日郑某向生产物控部经理应某请假，并得到应某同意。应某认为吕某学徒近半年时间，并多次上岗操作配气工序，已具备独立操作能力，即同意安排吕某顶替郑某独立上岗完成下一班组（23日7时至19时）配气作业。23日6时许，吕某同前班配气工沈某完成交接班，沈某在交待完正在运行的蒸压釜有关情况及注意事项后随即离岗。吕某先对蒸压釜工作情况进行常规检查，7时左右去吃早饭。7时25分左右返回车间，进行出釜、排气、进气等操作，随后进入配气操作间观察6号釜的进气压力直至烧制完成。9时许在加气块坯入釜后开始对14号釜进行操作，目视判断釜盖旋转到位，关合安全联锁装置后，用真空泵抽气使釜内压力达到 −0.05MPa，持续了20min后开始从其他釜往14号釜导气直至两个釜压平衡。当釜内蒸汽压力达到0.5～0.6MPa时，吕某发觉进气较慢，检查发现14号釜体左右两个排水阀未关，南侧排水阀在冒蒸汽（北侧排水阀很早就被堵死，一直未修），随后关闭了南侧排水阀。而后进入操作间观察14号蒸压釜的工作情况，不久即发生爆炸。

2. 事故原因

（1）直接原因

第14号蒸压釜南端釜盖未达到预定关闭部位，釜盖法兰齿磨损，联锁装置失效。

（2）间接原因

事故单位安全管理尤其是特种设备安全管理混乱，当班工人无特种设备操作许可证而上岗操作。地方政府及有关部门未认真履行安全生产职责，安全生产监督监察不力。

3. 整改措施

① 质量技术监督部门要认真汲取该起事故教训，举一反三，立即开展全省同类设备安全生产大排查、大检查活动，深入查找设备隐患和监管漏洞，严防类似事故再次发生。同时，在该类设备没有出台国家标准和规范之前，应尽快研究制定相应地方标准和技术要求，或采取切实有效措施，规范该类设备技术安全保护要求，并积极向国家主管部门申请，研究制定国家标准和技术规范。

② 质量技术监督部门要切实加强对特种设备设计、制造、安装、使用、检验等单位的管理，规范从业单位和从业人员行为准则，严厉查处各类违法违规行为。严格特种设备检测检验规则和程序，提升检测检验人员工作能力和工作质量，确保特种设备持续安全运行。

③ 各级人民政府及安全生产监督管理部门，应严格履行"谁主管，谁负责；谁审批，谁负责"的安全生产"一岗双责"制度，充分发挥安全生产监管部门对安全生产的综合监管作用，全面落实公安、交通、国土资源、建设、工商、质监等部门的安全生产监督管理及工业主管部门的安全生产指导职责，形成安全生产综合监管与行业监管指导相结合的工作机制，加强协作，形成合力。

④ 各级人民政府及有关职能部门应进一步加强安全生产工作力度，严格贯

彻落实国家有关安全生产方针、政策和工作要求，坚决杜绝重行政许可、轻安全监管，重形式审查、轻现场审查现象，切实把好企业市场准入关。强化行政执法力度，严厉打击本行业、本领域各类安全生产违法违规行为，持久深入推进隐患排查治理和安全标准化创建工作，切实维护安全生产形势持续稳定。

⑤ 强化企业安全生产主体责任落实，严格执行安全生产法律法规和标准规范要求，持续提升自身安全生产工作的规范化、科学化、系统化和法制化水平，强化风险管理和过程控制，注重实效考核和持续改进，切实达到安全生产标准化。

第二节　其他类型爆炸事故启示录

1. 事故教训

除本书前述章节提到的粉尘爆炸、可燃气体爆炸、锅炉爆炸等爆炸事故类型，冶金等工业企业往往发生一些其他类型的爆炸事故，例如钢水外泄爆炸、压力储罐爆炸等。对这些事故也应给予足够重视和认知。

① 熔融金属作业涉及不同的行业和企业，危险性较大，必须提高对熔融金属作业安全管理重要性的认识，严格执行有关安全规程和操作程序。

② 熔融金属作业中，要严格检测原砂含水量，确保达到工艺要求；采用地坑造型时，要了解地坑造型部位的水位，以防浇注时高温金属液体遇潮发生爆炸。

③ 要安排好排气孔道，使铸型底部的气体能顺利排出型外。

④ 要定期对熔融金属罐（包）进行检查、检测、维修和保养，并在确认烘干后方可使用。

2. 对策建议

① 加大职工教育和培训力度，深入开展要害岗位爆炸危险源辨识的安全培训教育，提升员工对工作环境的危险因素进行分析和辨识的能力，掌握作业过程的相关安全技能。

② 对各类制度规程、预案、措施等进行全面细致检查，发现问题立即修订、完善，进一步加大学习、培训力度，加大考核力度，切实保证岗位作业行为的规范化和标准化，坚决杜绝"三违"现象。

③ 加强操作人员劳保防护用品的配置与穿戴工作。进入防爆区域，必须穿纯棉的防静电工作服，且必须把随身携带的手机、钥匙等有可能产生静电和火花的物品放到装置区外。

④ 在检修作业完成后，要对系统进行彻底的清理，并进行确认。在日常作业时，严格对现场的相关情况进行检查确认，在确认合格后方可进行作业，"一切工作要三思而后行"。

参 考 文 献

[1] GB 6441—1986，企业职工伤亡事故分类 [S]. 北京：中国标准出版社，1986.

[2] 慈溪市某化纤有限公司"2·13"中毒事故 [EB/OL]. http://www.zjsafety.gov.cn/cn/zwxx/sgal/278913.shtml

[3] 惠州市"4·16"较大硫化氢中毒事故调查报告 [EB/OL]. http://www.dayawan.gov.cn/qaifi/news-019901-b4a41560bc144141bf0f0f4123a01e49.html

[4] 娄底市五江实业有限公司"6·2"机械伤害事故调查报告 [EB/OL]. http://www.lianyuan.gov.cn/lslm/zdlyxxgk/msgstjgk/aqsc/sgtc/content_157506

[5] 东城街道"10·10"一般机械伤害事故调查报告 [EB/OL]. http://www.jhsafety.gov.cn/19/sgal_2186/201707/t20170725_983119_1.html

[6] 赵庆跃. 吉林省长春市宝源丰禽业有限公司"6·3"特别重大火灾爆炸事故案例分析 [J]. 吉林劳动保护，2013，(7)：32-35.

[7] 台州大东鞋业有限公司"1·14"重大火灾事故调查报告 [EB/OL]. http://www.zjsafety.gov.cn/cn/ajkx/159622.shtml

[8] 孙金杰. 工业企业火灾成因分析及对策探讨 [J]. 消防科学与技术，2017，36 (11)：1624-1626.

[9] 江苏省苏州昆山市中荣金属制品有限公司"8·2"特别重大爆炸事故调查报告[EB/OL]. http://www.suzhou.gov.cn/xxgk/aqscjdjcqk/sgdcclbg/201412/t20141231_499382.shtml

[10] 国家安全监管总局办公厅关于内蒙古根河市金河兴安人造板有限公司"1·31"较大粉尘爆炸事故的通报. 国家安全生产监督管理总局国家煤矿安全监察局公告，2015 (3)：45-46.

[11] 张海洲，齐志高. 粉爆之灾，警钟长鸣——"2·24"淀粉粉尘爆炸事故的原因、过程及教训 [J]. 粮食流通技术，2010 (2)：24-28.

[12] 安全监管总局监督管理四司. 工贸行业重大生产安全事故隐患判定标准（2017 版）[J]. 宁波化工，2017，(4)：41-43.

[13] 张家港荣盛炼钢有限公司"3·20"触电事故调查报告 [EB/OL]. http://www.zjg.gov.cn/govxxgk/737074506/2017-11-22/023aba57-b6d3-4dea-ae4f-a1916924f729.html

[14] 长沙经济技术开发区三一汽车制造有限公司"7·20"触电事故调查报告 [EB/OL]. http://www.csx.gov.cn/csx/zwgk/xxgkml/bmxxgkml/xajj/tzgg90/2424444/index.html

[15] 新密市郑州旭普新材料有限公司"4·25"较大灼烫事故调查报告 [EB/OL]. http://ajj.zhengzhou.gov.cn/sgtj/362525.jhtml

[16] 铜陵市富鑫钢铁有限公司"9·16"灼烫事故调查报告 [EB/OL]. http://xxgk.tljq.gov.cn/3911039/22313724.html

[17] 新余华峰特钢有限公司"11·20"灼烫一般事故调查报告 [EB/OL]. http://www.fenyi.gov.cn/wap/content/article/7011182

[18] 佛山市顺德区广东富华工程机械制造有限公司"12·31"重大爆炸事故调查处理情况 [EB/OL]. http://www.maonan.gov.cn/index.php?c=show&id=1802

［19］　福建省漳州建华陶瓷有限公司"10·29"煤气爆炸事故调查报告 ［EB/OL］. http://www. huaan. gov. cn/cms/html/haxrmzf/2015-07-30/1297211670. html

［20］　南海区"4·23"较大爆炸火灾事故调查报告 ［EB/OL］. http://fssyjglj. foshan. gov. cn/ajdt/gzdt/201608/t20160818_5970464. html

［21］　许达. 锅炉运行中常见事故浅析 ［J］. 中国高新区，2017（5）：113.

［22］　胶州市森飞玻璃店"2·28"一般压力容器爆裂事故调查报告 ［EB/OL］. http://www. qingdao. gov. cn/n172/n25685095/n25697713/n31141334/n31141409/180914102640789806. html